INHALT

EINLEITUNG

Als Mitteleuropäer hat man bestimmte Vorstellungen, wie das Leben zu funktionieren hat. Alles um uns herum soll so ausgerichtet sein, dass unser Leben so einfach und angenehm wie möglich abläuft. Normen, Gesetze und Regeln bestimmen unseren Alltag soweit, dass wir Probleme bekommen, wenn wir eigene Entscheidungen treffen sollen. Wir verlassen uns auf schnelle Hilfe in jeder Lebenslage, ob wir einen Handwerker benötigen, einen Arzt oder jemanden, der uns erklärt, wie wir unseren Hund erziehen sollen.

Wir sind inzwischen schon so weit, dass für ganz alltägliche Dinge des Lebens Ratschläge erteilt werden, ja erteilt werden müssen, weil wir uns so sehr von Ratschlägen und einem geordneten System abhängig gemacht haben, dass wir sie brauchen. Ich persönlich empfinde es als skurril, wenn mir im Dezember in der Zeitung Tipps gegeben werden, wie ich mich richtig kleiden soll, damit ich in der kalten Jahreszeit nicht friere. So las ich im vergangenen Winter bei einem Arztbesuch im Wartezimmer eine dort ausliegende Zeitschrift, um mir die Wartezeit zu verkürzen. Dort wurde tatsächlich erklärt, wie man sich im Winter anziehen soll – farbig untermalt durch eine illustrierte Menschenfigur, der Bild für Bild neue Kleidungsstücke angezogen wurden, bis zum Schluss ein Schal und eine Mütze diesen Ratgeber abschlossen. „Das kann doch nicht wahr sein...", grummelte ich vor mich hin, „...jetzt braucht man schon Tipps, wie man sich anziehen muss, um durch den Winter zu kommen?!"
„Ja wissen Sie denn, wie man sich im Winter am besten kleidet?", entgegnete eine Dame, die neben mir saß und mit einem Auge in meine Zeitschrift blickte.
„Natürlich weiß ich das!", antwortete ich der Frau, „warm".

Ich gewinne immer mehr den Eindruck, dass wir verlernt haben, unser Leben selbstständig zu gestalten. Warum das so ist, darauf möchte ich hier nicht näher eingehen, auch aus dem Grund, weil ich zwar eine Idee darüber habe, wie es dazu kommen konnte, die soziologische Entwicklung der Gesellschaft aber nicht mein Spezialgebiet ist. Mein Spezialgebiet sind die Hunde – die allerdings auch immer mehr unter der veränderten Gesellschaft in den Industrieländern zu leiden haben. Aufgrund der Unselbstständigkeit der Menschen brauchen wir auch immer mehr Ratschläge und Hilfestellungen beim Umgang mit unserem vierbeinigen Begleiter. Obwohl dieser seit mindestens 15.000 Jahren eher problemlos an der Seite des Menschen lebt, zeigt sich in den letzten Jahren ein starker Bedarf, den Umgang der Menschen mit ihren Hunden an die neue Zeit anzupassen. Einer Zeit, in der man den Ratschlag braucht, sich im Winter warm anzuziehen...

Darum ist das Verlangen nach Anleitungen bei der Hundeerziehung, zur Ausbildung und Haltung des Hundes, heute größer denn je – nicht etwa weil sich die Hunde verändert hätten. Es ist vielmehr so, dass sich die Menschen verändert haben, sie haben viel von ihrer Natürlichkeit im Umgang mit Hunden und Tieren insgesamt verloren, wahrscheinlich auch dem Umstand geschuldet, dass das gesamte Leben immer weniger natürlich ist. Aus dieser Tatsache ergibt sich zwangsläufig, dass inzwischen auch sehr viel Rat von mehr oder weniger professionellen Kynoexperten angeboten wird, was ein nicht unerhebliches Risiko für Hund und Halter birgt. Der Hund ist mit großer Wahrscheinlichkeit das in Verhaltensfragen am meisten wissenschaftlich erforschte Tier dieser Erde. Dennoch gibt es wohl kaum eine Thematik, die heißer diskutiert wird und über die mehr verschiedene Betrachtungsweisen vorliegen als das Verhalten des Hun-

SELBST-STÄNDIGKEIT

des und die Möglichkeiten, es zu beeinflussen. Der Hundehalter, der auf der Suche nach Ratschlägen ist, wird von der Vielzahl der Expertenmeinungen beinahe erschlagen, so dass durch die Fülle der Informationen mehr Verwirrung herrscht als jemals zuvor in der gemeinsamen Geschichte von Mensch und Hund. Wir wollen das perfekte, das geordnete Leben und schaffen uns in Bezug auf Hunde mehr Chaos, als es für uns und die Tiere gut ist. Deshalb ist es meines Erachtens an der Zeit, einige der gängigen Philosophien zum Umgang mit dem Hund und dessen Ausbildung in einen fairen Kontext zu bringen, um dem mit Ratschlägen überfrachteten Halter die Möglichkeit zu geben, zu vergleichen und sich dann die Informationen und Anregungen herauszuziehen, die er braucht, um sich sein eigenes Bild vom Hund, dessen Verhalten und seiner Erziehung zu machen.

~~TIER-QUÄLEREI~~

Um den mit unterschiedlichsten Philosophien und Trainingsmethoden konfrontierten Hundehalter bei der Wahl der für ihn passenden Methode zu unterstützen, habe ich daher einige der bekanntesten deutschsprachigen Hundeexperten interviewt. Allen wurden die exakt gleichen Fragen vorgelegt, die Antworten zu diesen Interviews finden Sie unkommentiert abgedruckt, so dass Ihnen als Leser die Möglichkeit bleibt, eigene Schlüsse zu ziehen. Dabei war mir wichtig, ausschließlich solche Kollegen vorzustellen, die sich zu einer gewaltfreien Hundeerziehung bekennen, denn keinesfalls möchte ich denen Raum geben, die unfair, unqualifiziert, brutal und fachlich inkompetent mit Hunden arbeiten. Sie finden in den Medien leider schon genug Aufmerksamkeit, weil sie oft Meister der Selbstdarstellung und sich selbst auch nicht zu schade sind, vor der Kamera Erziehungsmethoden zu zeigen, die an Tierquälerei grenzen oder sie sogar erfüllen. Sie lächeln freundlich in die Kamera und erklären ohne Skrupel, dass der gerade mit Sprühhalsband, Leinenruck, tagelangem Futterentzug oder sonstigen aversiven Reizen gepeinigte Hund ja selber schuld sei. Er müsse nur machen, was man von ihm verlange und schon sei die Tortur zu Ende. Dass der Hund oft gar nicht versteht, was man von ihm will, oder diesen Willen nicht erfüllen kann, weil es ihm schlichtweg vor lauter Angst, Erwartungsunsicherheit oder genetisch bedingtem, rassetypischem Verhalten nicht möglich ist, wird dem Zuschauer natürlich nicht erklärt – denn weder die Redaktionen noch die meist selbsternannten Experten wissen das. Bei den Fernsehmachern geht es um Einschaltquoten und Produktionskosten, um Werbewirksamkeit und Medienpräsenz. Für so profane Dinge wie Überprüfung der Fachkompetenz und Berufserfahrung oder geschweige denn moralische Integrität bleibt da kein Raum. Eine sehr erfahrene und absolut gewaltfrei arbeitende Kollegin von mir wurde von einem deutschen Sender besucht, um mit ihr über die Möglichkeit einer TV-Produktion zu sprechen. Sie sollte als Hundeexpertin vorgestellt werden und in wöchentlich ausgestrahlten Beiträgen zeigen, wie sie gewaltfrei mit Hunden arbeitet, die problematische Verhaltensweisen zeigen – und zu echten Ergebnissen kommt, die zu Lösungen für Hund und Halter führen. Das Team war drei Tage vor Ort und beobachtete ihre Arbeit, um ihr dann freundlich und leicht

HERZ HIRN HUND

Expertenmeinungen zur modernen Hundeerziehung

Thomas Riepe

animal Learn®
VERLAG

3. Auflage 2021

ISBN 978-3-936188-58-5
Lektorat: Susanne Artmann
Satz & Layout: Annette Gevatter, Riegel a.K.
Fotos: Annette Gevatter, iStockphoto, fotolia, photocase
Druck: FINIDR, s.r.o., Český Těšín, Tschechische Republik

animal learn Verlag, Am Anger 36, 83233 Bernau
email: animal.learn@t-online.de, www.animal-learn.de

peinlich berührt mitzuteilen, dass man von ihrem Umgang mit den Tieren und deren Haltern zwar tief beeindruckt sei, aber mit ihr keinesfalls die geplante Serie machen könne, weil das, was man im Training sehen würde, einfach zu langweilig für den Zuschauer sei. Sie war nämlich nicht bereit, die Hunde so lange zu reizen, bis sie Angst, Aggression, Flucht oder Angriff vor laufender Kamera zeigten, und schon gar nicht, dies so oft zu wiederholen, bis alle Einstellungen und Schnittbilder im Kasten seien. Sie wollte die Dreharbeiten nicht mit einem Hund beginnen und dann mit einem anderen der gleichen Rasse beenden, wie es oft bei diesen Produktionen der Fall ist. Sie war auch nicht damit einverstanden, einem Hund vermeintliche Probleme anzudichten, die dieser gar nicht hatte, um dann nach angeblich ganz einfachem und kurzem Training den von seinen Unarten „geheilten" Hund vorzuführen. Denn sie wollte der Öffentlichkeit eben nicht vorgaukeln, dass man einen Hund zu jedem Verhalten verbiegen kann, wenn man nur schnell mit diesem oder jenem (oft fiesen) Trick arbeitet.

Der Regisseur beteuerte, dass er nur zu ihr kommen würde, wenn mit seinem eigenen Hund jemals Probleme auftreten würden, weil sie ihn mit ihrer Fachkompetenz, Ehrlichkeit und ihrem Trainingskonzept 100% überzeugt habe – medienwirksam sei das aber nicht, leider... die Zuschauer wollten halt „Action" sehen und nicht „echte Trainings". Und zu dieser „Action" gehört heutzutage offensichtlich auch, wieder „härter durchzugreifen" – immer unter dem Deckmäntelchen der leider nötigen Trainingsmethode und Konsequenz, damit der Hund überhaupt noch in den Griff zu kriegen sei.

Um solchen Fakes und Blendern nicht noch weiteren Raum zu geben, habe ich also darauf verzichtet, in diesem Buch auch Trainer zu Wort kommen zu lassen, die zwar durch Fernsehsendungen, Veröffentlichungen in den Printmedien und Tourneen einen großen Bekanntheitsgrad erreicht haben, sich aber nicht zu gewaltfreiem Arbeiten bekennen. Die in diesem Buch erörterten Themen rund um den Hund sollen Ihnen vielmehr die Möglichkeit geben, diesen Leuten etwas mehr auf den Zahn ihrer angeblichen Fachkompetenz zu fühlen und somit schneller herauszufiltern, wem Sie Ihren Hund anvertrauen wollen. Dabei habe ich wissenschaftliche Erkenntnisse, eigene Erfahrungen und persönliche Interpretationen miteinfließen lassen. Doch lesen Sie zunächst, mit welchem dieser „Hundeflüsterer" ich konfrontiert wurde – und wie er mich letztendlich auf die Idee brachte, dieses Buch zu schreiben.

RUDEL, RANGORDNUNG, ALPHA

Ich fliege regelmäßig in den Yellowstone Nationalpark, um dort das Verhalten von Wölfen in ihrem natürlichen Lebensraum zu beobachten. Gern nutze ich diese Verhaltensstudien auch als Grundlage dafür, unsere Haushunde besser zu verstehen. Sicher, Haushunde sind keine Wölfe mehr und haben sich durch die Domestikation so verändert, dass sie an den Lebensraum des Menschen optimal angepasst sind. Dennoch ist es sicher ein wichtiges Fundament für die Arbeit mit Hunden, wenn man die Ursprünge ihres Verhaltens kennt.

Nach wie vor schwirren viele Wahrheiten, Halbwahrheiten und Gerüchte rund um das Leben des Stammvaters Wolf herum. So wird zum Beispiel noch immer von einer großen Anzahl von Hundetrainern und Experten propagiert, dass Wölfe und auch Hunde immer darauf aus wären, innerhalb der Rangordnung ihres Rudels aufzusteigen – und wenn man dies bei seinem Haushund nicht konsequent unterbinden würde, könne dieser sich zu einer Gefahr für den Halter und die Umwelt entwickeln.

~~DOG WHISPERER~~

Da ich diese Sätze im Konjunktiv schreibe, werden Sie sicher annehmen, dass ich diese Ansicht nicht unbedingt teile – und damit haben Sie Recht, doch darauf möchte ich später eingehen. Zunächst möchte ich zu einer der eingangs erwähnten Reisen in den Yellowstone Nationalpark zurückkommen. Ich kam an einem Abend im November gegen 22:00 Uhr in meinem Hotel am Rande des Parks an und hatte gerade viele Stunden Flug und eine lange Autofahrt hinter mir. Also war meine letzte Handlung des Tages, mich auf das Bett zu werfen, mir die Fernbedienung des Fernsehers zu greifen und schon im Halbschlaf durch das Programm zu zappen. Bis ich beim Fernsehkanal „National Geographic" angekommen war. Dort wurde in einer Sondersendung die gesamte Nacht hindurch eine Serie gezeigt, die von einem „Dog Whisperer" (Hundeflüsterer) handelte. Ich hatte von dem Mann in Deutschland schon einmal beiläufig gehört, mich aber noch nicht näher mit ihm und seiner Philosophie beschäftigt. Da ich, geschwächt vom Jetlag, jetzt sowieso auf meinem Bett lag und nichts Besseres zu tun hatte, schaute ich mir dieses Special mit dem „Dog Whisperer" an – es kann ja schließlich nicht schaden, wenn man sich mal anschaut, wie andere mit Hunden arbeiten. Allerdings bin ich mir bis heute nicht im Klaren darüber, ob es eine gute Idee war, sich die Nacht mit dieser Serie um die Ohren zu schlagen. Zum einen habe ich viel über den „Dog Whisperer" und seine Methoden erfahren und kann nun ruhigen Gewissens behaupten, dass ich weiß, wovon ich rede, wenn ich sage, dass ich seine Methoden zutiefst verachte. Auf der anderen Seite habe ich mich damals dermaßen aufgeregt und geärgert, dass ich fürchte, diese Fernsehnacht hat mich Jahre meines Lebens gekostet.

„Doch was war denn nun so furchtbar an dem, was dort gezeigt wurde?", werden Sie sich jetzt vielleicht fragen. Darauf kann ich schlicht antworten: „Alles! Einfach alles!"

Um das zu verdeutlichen, schildere ich einen Fall, der in Bezug auf diesen Mann einiges an Aussagekraft hat. In diesem Beitrag ging es um einen Pit Bull Terrier, der eine stark ausgeprägte Leinenaggression zeigte. Welche Ursachen dieses Verhalten gegenüber fremden Hunden hatte, blieb bei diesem Filmbeitrag weitgehend im Dunkeln – vermutlich wurde dem Hund in der Vergangenheit durch die Halter bewusst oder unbewusst vermittelt, dass sie sich vor einer Hundebegegnung fürchten, und der Hund sah sich dadurch gezwungen, die potentielle Gefahr aggressiv abzuwehren. Zu Beginn des Films sah man deutlich, dass die Halter bei einer

Begegnung mit Artgenossen hektisch auf ihren Hund einredeten und diesem so keinerlei Souveränität und Sicherheit vermittelten. Das Hauptproblem war hier sicher das Verhältnis zwischen Hund und Halter – man hätte hier zunächst an der Verbesserung dieses Verhältnisses arbeiten müssen, bevor man gezielt die Begegnungen mit Artgenossen in das Training einbaut. Der Hund hätte erst einmal lernen müssen, dass seine Halter souveräne Persönlichkeiten sind, die Situationen wie die Begegnung mit fremden Hunden meistern können. Doch diesen Eindruck hatte der Hund nicht und deshalb versuchte er, obwohl selbst völlig unsicher, jeden potentiellen Feind in die Flucht zu schlagen, bevor dieser ihm oder seinem Halter etwas antun könnte. Zusätzlich hatte der Hund durch diverse Leinenrucks und halb besänftigendes, halb drohendes auf ihn Einreden gelernt, dass entgegenkommende Hunde ein Problem sind...

Soweit die für mich ersichtlichen Fakten das Falls. Unsicherer Hund zeigt an der Leine ein eindeutig defensives Drohverhalten Hunden gegenüber, weil er fremde Artgenossen als potentiell gefährlich ansieht und negativ im Gehirn verknüpft hat. Das ersichtlich defensive Drohverhalten (z. B. erkennbar an der Körpersprache und den Lautäußerungen), das so viel bedeutet wie „Lass uns in Ruhe, wenn nicht, muss ich kämpfen, obwohl ich es gar nicht möchte", wurde aber vom „Dog Whisperer"

Statt den Haltern des Pit Bull zu erklären, wie der Hund die Situation einschätzt und warum er so reagiert, wird das Tier brutal unterdrückt.

~~STROM-SCHLÄGE~~

offensichtlich gar nicht erkannt. Die negative Verknüpfung Hunden gegenüber ist es, die es zu verändern gilt, Begegnungen mit Artgenossen sollten für den Hund positiv gestaltet werden. So würde jeder vernünftige und mit dem Wissen der aktuellen wissenschaftlichen Erkenntnisse ausgestattete Trainer dieses Problem angehen. Doch was machte der „Dog Whisperer"? Das absolute, kaum fassbare Gegenteil.

Zunächst war auffällig, dass er den Hund an einem Würgehalsband führte, das auch noch besonders hoch am Hals angelegt worden war, um den größtmöglichen schmerzhaften und beängstigenden Effekt für ihn zu erzeugen. Begegnete er mit dem so angeleinten Hund jetzt einem Artgenossen, zerrte dieser „Flüsterer" an der Leine und dem Halsband und fügte dem Hund dadurch starke Schmerzen zu. Ziel des Ganzen sollte sein, dem Hund „mitzuteilen", dass es für ihn schmerzhafte Konsequenzen hat, wenn er an der Leine Aggressionen gegenüber einem anderen Hund zeigt – und deshalb ruhig bleibt, um die Schmerzen zu vermeiden. Als dieser Plan jedoch misslang, weil der Hund sich gegen den Schmerz aus völlig verständlichen Gründen wehrte, ging der „Dog Whisperer" noch einen Schritt weiter. Er warf den Hund um und drückte ihn am Hals zu Boden und fixierte ihn dort. Selbst jemand, der nicht professionell mit Hunden arbeitet, konnte in dieser Sequenz erkennen, dass der Hund Todesängste durchlitt – und durch Kommunikationssignale, wie sich selbst das Maul lecken, eindeutig mitzuteilen versuchte, dass er sich ergibt und nicht mehr wehrt. Doch darauf reagierte der „Hundeflüsterer" nicht, sondern drückte das Tier weiter am Hals zu Boden. Fachlich vollkommen irrwitzig wurde es dann, als er den Hund schließlich losließ, nachdem dieser keine Beschwichtigungssignale mehr zeigte und begann, sich aktiv zu wehren! So lernte der Hund also, dass Deeskalationsstrategien nichts bringen, während wehrhaftes Verhalten dazu führt, endlich in Ruhe gelassen zu werden. **Es war regelrecht beängstigend zu sehen, wie wenig dieser „Hundeflüsterer" über hündische Kommunikation weiß, mit seinen Methoden aber durch geschickt organisierte PR-Kampagnen trotzdem weltweit ein Millionenpublikum erreicht, das diese idiotischen Erziehungsansätze oft völlig unreflektiert bei den eigenen Hunden einsetzt...**

Statt den Haltern des Pit Bull zu erklären, wie der Hund die Situation einschätzt und warum er so reagiert – um dann mit einem gezielten Training dieses Verhalten zu verändern und dem Hund durch positive Erfahrungen mitzuteilen, dass andere Hunde nicht immer böse sind –, wird das Tier brutal unterdrückt. Das Verhalten wird mit Schmerz und Brutalität „behandelt", der Hund wird gebrochen und verängstigt, ohne nach den Ursachen für sein Verhalten zu fragen. Sicher funktioniert diese Art der Verhaltenskorrektur binnen kürzester Zeit und der Hund wird aus Angst vor Schmerz und Strafe keine fremden Hunde mehr angehen.

Allerdings hat sich seine schlechte Meinung über Artgenossen nur noch verstärkt, denn all die Misshandlungen, die ihm widerfahren sind – anders kann man die Behandlung durch den „Dog Whisperer" nicht nennen –, fanden in Anwesenheit von ihnen statt. Und weil Angst, Schmerz und Frustration im Gehirn eines Säugetieres nahe bei Aggression und Kampfbereitschaft liegen (aus dem evolutionsbiologischen Hintergrund, sich bei einem Angriff verteidigen zu können) und sich bedingen, führt eine Ausbildung über solche Methoden häufig dazu, dass der Hund die Aggressionen aus Angst lange unterdrückt... bis irgendein Schlüsselreiz diese aufgestauten Aggressionen abruft und sie sich geballt in gefährlichen Beißattacken entladen können.

In weiteren Filmen arbeitet der „Dog Whisperer" mit ähnlich brutaler, vollkommen unangebrachter Gewalt, zum Beispiel bei einem Husky. Als sich dieser, durch das Würgen in Todesangst, gegen die Qual wehrt und zubeißt, wird er so lange durch Zuziehen des Kettenwürgers „behandelt", bis er beinahe das Bewusstsein verliert. In einem weiteren Fall wird ein Hund mit einer Katze vergesellschaftet, indem er durch einen Elektroschock davon abgehalten wird, sich der Katze zu nähern. Der Hund ist am Ende so verängstigt, dass er winselnd die Flucht ergreift, wenn man die Katze in einer Box in seine Nähe schiebt. Er ist nicht an die Katze gewöhnt worden, ihm wurde nichts erklärt, er bekam keine Zeit, sich dem für ihn neuen Hausbewohner langsam anzunähern, nichts. Er hatte nicht die geringste Chance, dem Schmerz zu entgehen und verknüpft die grausamen Qualen der Stromschläge nun mit Katzen und hält sie für Monster – und ist aus dem vorher erklärten Zusammenhang zwischen Schmerz und Aggression zu einer tickenden Zeitbombe geworden.

Am Ende dieses Buches finden Sie unter den Quellenangaben Hinweise auf die erwähnten Filmbeiträge bzw. Videos des „Dog Whisperers" Cesar Millan. Wenn Ihnen meine Schilderungen zu drastisch vorkommen und Sie glauben, ein Mensch, der derartig viele Bücher verkauft und derartig häufig im Fernsehen zu sehen ist, könne doch gar nicht so falsch liegen, können Sie sich hier selbst davon überzeugen, mit welch unsagbaren Methoden dieser Mensch arbeitet. Erschreckend ist übrigens auch, dass sich namhafte Trainer in Deutschland diesen Menschen zum Vorbild nehmen und dies auch öffentlich kundtun!

Hundetrainer wie dieser amerikanische „Dog Whisperer" namens Cesar Millan finden keinesfalls meine Zustimmung bei der Art und Weise, wie sie Hunde behandeln und ausbilden. Wenn Cesar Millan auch von Dingen wie „Energien", „Verständnis für den Hund" und dessen „Auslastung" redet, so ist seine moralische Grundeinstellung dem Lebewesen Hund gegenüber nicht mit meiner Ansicht von Moral, Ethik und Fairness zu vereinbaren. Deshalb möchte ich mit diesem Buch dazu beitragen, eine ganz andere Sichtweise auf den vierbeinigen Freund des Menschen aufzuzeigen.

Doch was hat meine Reise in die USA und der dort im Fernsehen gezeigte Dog Whisperer im Kapitel „Rudel, Rangordnung und Alpha" zu suchen?! Nun, eine der immer wieder benutzten Phrasen des Hundeflüsterers, die mich durch die schlaflose Nacht begleiteten, war folgende: „You have to be the pack leader!" – „Sie müssen der Rudelführer sein!" Diese Aussage wurde wieder und wieder vorgetragen und brachte klar zum Ausdruck, dass Millan letztlich der Meinung ist, dass sich die Rangordnung in einer Hundegruppe durch stetigen Kampf etablieren und ein Hund immer nach Aufstieg in der sozialen Gruppe streben würde. Aber eben diese Sichtweise wurde längst wissenschaftlich klar widerlegt. Nicht, dass es keine Rangordnungen geben würde, aber Hunde sehen diese nicht so absurd absolut wie einige Menschen. Allerdings darf man hier nicht vergessen, dass Menschen Rangordnungen nicht immer in böser Absicht auf diese Art und Weise interpretieren. So ist es bei Primaten durchaus so, dass die Rangordnung großes Gewicht in der sozialen Ordnung hat und einzelne Individuen oft einen starken Drang haben, im Gruppengefüge aufzusteigen. Und da der Mensch biologisch gesehen nichts anderes als ein Primat ist, ist auch seine soziale Grundstruktur in diesem Kontext zu betrachten. Also kann es passieren, dass er seine teilweise instinktiven Vorstellungen einer sozialen Ordnung allzu leichtfertig 1:1 auf andere soziale Lebewesen überträgt, selbst wenn deren soziale Grundstrukturen sich stark von der menschlichen unterscheiden.

Hundeartige unterscheiden sich in ihrem Sozialleben vielfach grundlegend von den Primaten. Auf den ersten Blick kann man diese Unterschiede nur schwer erkennen, wenn man jedoch einen zweiten Blick wagt, wird man durchaus Unterschiede feststellen. Hierarchien bei Primaten basieren häufig auf der Durchsetzungsfähigkeit einzelner Individuen und sind ein charakteristisches Merkmal im Sozialverhalten. Vielfach nehmen die stärksten Individuen, die sich auch im Kampf durchsetzen können, die höchsten Rangstellungen ein. Durchsetzungsstarke Tiere beider Geschlechter haben die meisten Nachkommen, weil sie sich auch den besten Zugang zu wichtigen Ressourcen wie zum Beispiel Futter sichern können. Sozialer Aufstieg, Position und Status sind wichtige Bestandteile der sozialen Grundstruktur von Affen und Menschen – genauso wie die Tatsache, dass die Mitglieder einer Gruppe, einer sozialen Gemeinschaft unter Primaten nicht zwingend miteinander verwandt sind. Durch Ab- und Zuwanderung wird die genetische Vielfalt erhalten, die für den Erhalt einer Art unerlässlich ist.

FAMILIEN-VERBAND

Im Gegensatz zu vielen Primatengruppen, die von sozialem Aufstieg und Machtansprüchen gekennzeichnet sind, verhalten sich Hundeartige innerhalb ihrer sozialen Gefüge wesentlich weniger von diesen Strukturen geleitet, als mancher vermutet. Insbesondere das soziale Grundgerüst der Wölfe, den alleinigen Vorfahren unserer Haushunde, unterscheidet sich deutlich von den Primaten und somit auch vom Menschen, denn sie leben in der Regel in überschaubaren Familienverbänden, die aus Elterntieren, Welpen und manchmal Nachwuchs aus dem vergangenen Jahr bestehen, die Tiere sind also eng miteinander verwandt. Zwar gibt es gelegentlich auch Ausnahmen von dieser Regel und es wandern fremde Wölfe in das Rudel ein oder es befinden sich in seltenen Fällen zwei unterschiedliche Paare, die für Fortpflanzung sorgen, innerhalb der Gruppe, aber das ist wirklich selten. Im Regelfall besteht ein Wolfsrudel nur aus Eltern und unterschiedlich altem eigenen Nachwuchs. Die Führung dieser Familien obliegt natürlich den Elterntieren, der eigene Nachwuchs wird nicht versuchen, durch Kampf die Position der Eltern einzunehmen und sich dann ggf. mit einem Teil von ihnen zu verpaaren. Wenn die jungen Wölfe geschlechtsreif werden, verlassen sie meist die Familie und suchen sich einen Partner/ eine Partnerin, um dann ein eigenes Rudel zu gründen. Der große Unterschied zu hierarchisch strukturierten Menschengruppen besteht also darin, dass sich Wolfsrudel meist aus eng miteinander verwandten Tieren zusammensetzen, deren Führung automatisch durch die Eltern-Kind-Konstellation bedingt ist.

Der früher in Bezug auf Hundeartige falsch benutzte Begriff „Alpha" bezeichnet bei dieser Tierfamilie also nichts weiter als die Elterntiere. Eine Führungsposition, die durch Kampf, Stärke und Raffinesse erobert wurde, wie bei Menschen zum Beispiel im Berufsleben oder in der Staatsführung üblich, gibt es im Grundmodell der wölfischen bzw. hündischen Sozialstruktur im Normalfall nicht. Zwar bestehen Wolfseltern auch auf Einhaltung gewisser Regeln innerhalb der Familie, die deren Überleben sichern, und sicher gibt es hier und da mal Auseinandersetzungen, wenn man sich nicht einig ist, wem zum Beispiel eine Ressource wie Futter zusteht. Ein ständiger Kampf und ein ständiges Sichern der „Alphaposition" sind bei Wölfen aber nicht zu beobachten.

Anders verhält es sich nur, wenn die normalen Regularien durch menschliche Einflüsse außer Kraft gesetzt werden. Dies ist zum Beispiel bei Gehegewölfen der Fall, die nicht unbedingt miteinander verwandt sind und auf sehr begrenztem Raum zusammengesetzt, manchmal regelrecht zusammengepfercht werden. Hier kann es tatsächlich zu (erheblichen) Spannungen und zu starren hierarchischen Strukturen kommen – bedingt durch ein absolut unnatürliches soziales Gefüge, wie es in freier Wildbahn niemals vorkommen würde und das absolut nicht dem sozialen Grundmuster von Wölfen entspricht.

Doch was ist nun mit unseren Haushunden? Durch die Domestikation verändert sind sie keine Wölfe mehr und manch einer glaubt, ihre Lebensbedingungen seien durchaus mit der Haltung von Gehegewölfen zu vergleichen. Könnte es deshalb nicht sein, dass sich bei ihnen eine soziale Rangordnung ausbildet, die von Alphastatus, Machtstreben und Unterordnung geprägt ist? Die Antwort ist ganz klar „Nein", denn man kann Haushunde auf keinen Fall mit Gehegewölfen vergleichen – zumindest nicht, wenn sie in einem Umfeld gehalten werden, welches von einem Mindestmaß an Verantwortung des Hundehalters zeugt, denn Gehegewölfe leben den ganzen Tag in einem für mehrere Individuen sehr begrenzten Raum und haben kaum die Gelegenheit, sich mit Außenreizen zu beschäftigen. Sie sind keinen Territoriumseindringlingen ausgesetzt, die es zu verscheuchen oder deren Marken es wahrzunehmen und zu überdecken gilt. Es gibt keine Feinde, mit denen sie sich auseinander setzen müssten, sei es in Form von Kampf, Flucht oder sogar friedlicher Koexistenz. Es fehlt das große Territorium, das täglich neu entdeckt werden muss, das man schützen und erforschen muss und vor allem fehlt die lebenswichtige Aufgabe der Nahrungsbeschaffung. Die einzig nennenswerte Variable, mit der sich ein Wolf in Gehegehaltung beschäftigen kann, sind die „Mithäftlinge". Um es platt auszudrücken, beschäftigen sich Gehegewölfe aus Mangel an anderen Aufgaben übermäßig mit dem sozialen Status, mit der Struktur des

~~„ALPHA-TIER"~~

Rudels und so kommt es hier zu starken Rangkämpfen und Auseinandersetzungen – Strukturen und soziale Aspekte, die in der freien Wildbahn nicht vorkommen und auch bei der Haltung von Haushunden nicht vorkommen sollten. Haushunde sollten nicht nur damit beschäftigt sein, sich den ganzen Tag auf engstem Territorium mit sozialen Strukturen zu beschäftigen. Sie sollten, wie frei lebende Wölfe, diversen Aufgaben und Reizen ausgesetzt werden, damit sie nicht aus Langeweile zu Tyrannen werden. Dass man mich nicht falsch versteht – ich meine damit nicht, dass man Hunde, wie es heutzutage leider oft üblich ist, den ganzen Tag bespaßt und ihnen keine Ruhe mehr gönnt. Aber Hunde müssen raus, in ihrem Revier die Nachrichten lesen, die andere Hunde hinterlassen, müssen diversen Reizen ausgesetzt sein und sich auch als Jagdersatz körperlich austoben können. Wie das im Einzelnen aussieht, kommt auf die Rasse und das Individuum an – wichtig ist aber, dass Hunde nicht so reizarm leben wie Gehegewölfe und sich je nach Rasse über ihre Beschäftigung geistig und körperlich auslasten und dadurch nicht ihre kognitiven Fähigkeiten allein dazu nutzen, sich mit dem sozialen Status zu beschäftigen. Ein normal gehaltener Hund, der in seiner Haltungsumwelt ausreichend viel Abwechslung hat, ist also keinesfalls mit einem Gehegewolf zu vergleichen, der auf begrenztem Raum mit seinen Artgenossen gelangweilt vor sich hin vegetiert.

Eine Führungsposition, die durch Kampf, Stärke und Raffinesse erobert wurde, wie bei Menschen zum Beispiel im Berufsleben oder in der Staatsführung üblich, gibt es im Grundmodell der wölfischen bzw. hündischen Sozialstruktur im Normalfall nicht.

In diesem Zusammenhang möchte ich nicht unerwähnt lassen, dass es einige Hundetrainer gibt, die behaupten, dass Hunde nicht raus müssten und man sie auch nur auf dem Grundstück oder im Haus halten könne – teilweise wird das von diesen Trainern sogar als „Disziplinierungsmaßnahme" bezeichnet. Das ist natürlich vollkommener Unfug – ein Hund braucht die Möglichkeit zum Erkunden, um ein normales Verhalten zeigen zu können. Wird er nur auf engem Raum gehalten oder gar in einem Zwinger, kann er durch Stress, Langeweile und Verzweiflung Verhaltensweisen entwickeln, die untypisch für seine Art sind. Genauso wie sich der Gehegewolf untypisch für seine Art verhält, wenn er Rangordnungen allzu ernst nimmt.

Das Verhalten von Hunden ist also durch den Umstand, dass sie bei uns Menschen leben und durchaus in ihrem Bewegungsfreiraum eingeschränkt sind und ihre Nahrung nicht selbst erjagen, trotzdem nicht mit dem Verhalten von in Gefangenschaft lebenden Wölfen zu vergleichen. Ihre sozialen Grundstrukturen und Bedürfnisse ähneln, will man diesen Vergleich überhaupt ziehen, eher dem Verhalten von frei lebenden Wölfen, die vielen Reizen, Aufgabenstellungen und Beschäftigungen ausgesetzt sind. Und die sozialen Grundstrukturen sind nicht auf einer totalitären, strengen Rangordnung aufgebaut, in der ein Individuum immer aufsteigen möchte. Obgleich es natürlich Rangordnungen gibt. Diese sind aber bei

Es gibt Hundetrainer, die behaupten, dass Hunde nicht raus müssten und man sie auch nur auf dem Grundstück oder im Haus halten kann.

weitem nicht so streng und absolut ausgeprägt, wie die Verfechter der aversiven Hundeausbildung dies immer wieder betonen – meist wohl eher als Rechtfertigung und Begründung, warum sie ihre Gewaltphantasien oder sozialen Defizite an wehrlosen Hunden auslassen...

Aus den vorgenannten Gründen sollte man die Aussage „Du musst der Rudelführer sein" sehr kritisch betrachten. Sicher sollte man derjenige sein, der weitgehend die Regeln des täglichen Zusammenlebens aufstellt, aber keinesfalls sollte man diese Rolle wie ein Diktator angehen, der davon ausgeht, dass er nur durch Härte verhindern kann, dass ein anderer seinen Platz einnimmt. Aufgrund seiner sozialen Grundstruktur möchte der Hund dies nämlich auch gar nicht zwangsläufig. Ganz im Gegenteil ist er eigentlich zufrieden, wenn er ein geruhsames Leben an der Seite seines Menschen führen kann, der für Grundressourcen wie Futter und Sicherheit sorgt.

sprache und ist nicht näher definiert, allerdings kann man ihn so weit eingrenzen, dass er von einer Gruppe von Säugetieren ausgeht, die einer Art angehören. So beschreibt der Brockhaus in einem Band den Begriff Rudel zum Beispiel als „eine Herde von Hirschen, Gämsen, Rehen oder Wölfen". Innerhalb der Hundeszene spricht man von einem Rudel, wenn drei oder mehr verwandte Tiere dauerhaft zusammenleben, ähnlich dem Wolfsrudel – wenn hingegen nicht miteinander verwandte Tiere dauerhaft zusammenleben oder sich regelmäßig treffen (z. B. auf der Spielwiese), spricht man eher von einer Gruppe. Aber letztlich sind das Wortklaubereien, wichtig nehmen sollte man nur die Tatsache, dass ein echtes Rudel nur aus Individuen einer Art bestehen kann, weil nur Lebewesen einer Art mit den gleichen sozialen Grundstrukturen ausgestattet sind.

Anmerken sollte man an dieser Stelle noch, dass Menschen sehr vorsichtig damit sein sollten, innerartliches Verhalten von Hunden in die Mensch-

~~DU MUSST DER RUDELFÜHRER SEIN~~

Allerdings gibt es noch einen weiteren, sehr wichtigen Grund, warum ich als Mensch nicht der „Rudelführer" des Hundes sein kann. Ganz einfach deshalb, weil ich kein Hund bin. Der Begriff „Rudel" entstammt mit hoher Wahrscheinlichkeit der Jäger-

Hund-Beziehung einzubauen. Sicher kann man artübergreifende Verhaltensweisen nutzen, um mit Hunden zu kommunizieren. Der Versuch allerdings, Kommunikationsmittel einzusetzen, die normalerweise nur unter Individuen einer Art angewendet

MENSCH-HUND-BEZIEHUNG

werden, ist schwierig und häufig zum Scheitern verurteilt. Um sich darüber im Klaren zu sein, sollte man allerdings den Unterschied zwischen innerartlicher und artübergreifender Kommunikation kennen. Die artübergreifende Kommunikation beschreibt ein Verhalten in gewissen Situationen, das vor allem unter Säugetieren, egal welcher Art, verstanden wird. Wenn sich ein Hund „größer" macht, das heißt die Beine durchdrückt, den Kopf sehr aufrecht trägt und sein Gegenüber mit starrem Blick fixiert, dann möchte er ausdrücken: „Ich bin stärker als Du – wenn Du mir nicht aus dem Weg gehst oder verschwindest, gibt es Ärger..." Eine Ausdrucksform von starken und selbstbewussten Individuen. Ein solches Verhalten kann man beobachten, wenn sich Individuen einer Art (z. B. sich unbekannte Wölfe an Reviergrenzen) oder aber auch Individuen unterschiedlicher Art (z. B. ein Löwe und ein Nashorn an einer kleinen Wasserstelle) begegnen. Ein Tier demonstriert durch das Drohverhalten (groß machen, fixieren) seine Ansprüche und seine Stärke. Fühlt sich ein Tier jetzt dem anderen unterlegen, wird es sich genau gegenteilig verhalten, um keinen Ärger zu bekommen und nicht verletzt oder getötet zu werden. Es wird sich klein machen, den Blick abwenden und sich langsam entfernen. Der Andere versteht das Verhalten, wird seine Drohung beenden und jeder geht – im Idealfall – seiner Wege.

Es gibt auch immer wieder Fälle, bei denen beide Tiere auf ihrem vermeintlichen Recht beharren und keiner nachgibt. Allerdings werden diese beiden Verhaltensmuster, „sich groß machen und fixieren" als Drohung und „sich klein machen und Blick abwenden" artübergreifend als freundliche, die Situation beschwichtigende Geste gewertet. Der Wolf im fremden Revier wird also eher nicht angegriffen, wenn er sich so verhält und langsam den Rückzug antritt. Und das Nashorn wird den Löwen ebenfalls nicht „auf das Horn" nehmen, wenn er sich entsprechend verhält. Diese artübergreifende Kommunikation kann man immer beobachten, wenn Tiere aufeinander treffen, seien es Begegnungen von Tieren einer Art (z. B. sich fremde Wölfe oder Hunde) oder eben verschiedener Arten. Wie zum Beispiel die Nashorn/ Löwenbegegnung, aber auch Begegnungen zwischen Hirschen und Bisons, zwischen Bären und Pumas, zwischen Elefanten und Flusspferden usw. „Groß machen und fixieren" sowie „klein machen und Blick abwenden" wird von fast allen Tieren verstanden und richtig interpretiert. Es sei denn, der „Fixierende" betrachtet das bedrohte Tier als Nahrung. Es wird dem Zebra wenig helfen, den Blick abzuwenden, während es der Löwe fixiert...

Es gibt also klare Ausdrucksformen, die artübergreifend verstanden werden. Wenn mein Hund etwas Unerwünschtes macht und ich ihn zum Abbruch der Handlung veranlassen möchte, mache ich mich groß, fixiere ihn und er wird verstehen, dass ich diese Handlung nicht toleriere. Mache ich mich in einer anderen Situation aber klein und schaue den Hund nicht lang anhaltend an, vermittle ich ihm meine freundlichen Absichten.

Innerartliche Kommunikation dagegen zu imitieren ist sehr schwer und in ihrer Anwendung meist eher fragwürdig. Wenn man einem Hund zum Beispiel seine freundlichen Absichten durch das Lecken der Mundwinkel mitteilen möchte, wird er das nicht mit dem Mundwinkellecken unter Hunden gleichsetzen, weil man dieses Kommunikationsmittel nicht auch regelmäßig gegenüber Menschen einsetzt und es somit nicht zum eigenen natürlichen Verhaltensrepertoire gehört. Außerdem sieht man anders aus als ein Hund und kann es schon aus anatomischen Gründen gar nicht so machen wie er. Wenn man also Mundwinkellecken als freundliche Geste dem Hund gegenüber zeigen wurde, würde er diese Botschaft mit an Sicherheit grenzender Wahrscheinlichkeit nicht erkennen. Egal, wie sehr ich mich bemühe, innerartliche Kommunikation von Hunden ist für einen Menschen nur extrem begrenzt zu imitieren.

Deshalb halte ich es auch für groben Unfug, wenn Trainer oder andere Experten ihre Handlungsweisen damit begründen, dass Hunde „das untereinander doch auch so machen" – und damit Gewaltmethoden wie Nackenschüttler, Alphawurf usw. rechtfertigen wollen. Hier zeigen sich gleich zwei Probleme: Erstens können wir hundliche Verhaltensweisen nie 1:1 imitieren und zweitens sind Alphawurf und Nackenschüttler gar kein Bestandteil der natürlichen Kommunikation unter Hunden. Wenn ein Hund einen anderen im Nacken packt und richtig schüttelt, möchte er nicht mit ihm kommunizieren. Er möchte den anderen töten und nichts weiter. Wenn ich als Mensch also einen Hund im Nacken schüttle, rufe ich bei diesem Todesängste hervor – und nichts weiter...

Man sollte also in der Mensch-Hund-Beziehung nur Kommunikationsmittel anwenden, die artübergreifend verstanden werden oder die im Zusammenleben mit der anderen Art erlernt werden. Andernfalls kann es zu großen Missverständnissen kommen – ein Hund, den ich mit einem „Nackenschüttler" faktisch mit dem Tod bedrohe, könnte auch aus seiner Perspektive auf die berechtigte Idee kommen, sein Leben nicht kampflos aufzugeben. Nachvollziehbar, wie ich denke...

FAZIT:

Menschen können keine Rudelführer oder „Alphatiere" in einer sozialen Gemeinschaft sein, die sie mit Hunden eingehen, weil sie keine Hunde sind. Das ist auch ein Grund dafür, weshalb Menschen in der Regel keine innerartlichen Kommunikationsmittel von Hunden anwenden können und sollten. Sie sollten aber die Führung und Leitung der Gemeinschaft übernehmen und die Regeln aufstellen, die für einen geordneten und gefahrlosen Ablauf des gemeinsamen Lebens wichtig sind. Das aber immer unter der Berücksichtigung der sozialen Bedürfnisse eines Hundes, die nicht auf stetigen sozialen Aufstieg ausgerichtet sind.

Der Mensch muss diese Führungsrolle ruhig, souverän und ohne Gewalt ausfüllen, er muss für den Hund ein vertrauenswürdiger, verlässlicher Partner sein – ein Partner, dem der Hund zutraut, ihn sicher durch die Welt zu leiten. Wenn man als Mensch diese ruhige und souveräne Art der Führung vorlebt, wird der Hund einem grundsätzlich vertrauen und folgen – individuelle und situative Ausnahmen selbstverständlich ausgeklammert.

Der Begriff Dominanz ist neben den Schlagworten „Rang“ und „Rudel“ sicher einer der am häufigsten vorkommenden Begriffe, der unter Hundehaltern immer wieder verwendet und recht sorglos mit dem Verhalten ihrer Vierbeiner in Verbindung gebracht wird.

DOMINANZ

Gern wird dieser Begriff im Zusammenhang mit Hunden benutzt, die sich in sozialer Interaktion mit Artgenossen schnell aufbrausend und aggressiv verhalten. Dieses Verhalten wird dann pauschal als dominantes Verhalten gedeutet, ein Verhalten, welches zeigen soll, „wer der Herr im Haus bzw. im Revier“ ist. Angeblich, weil ein Hund ja ständig seine Position festigen muss und ein dominanter Hund so seine Stärke zeigt...

~~FÜHRUNGS-ANSPRUCH~~

Nun, dass diese Ansicht nicht ganz richtig sein kann, zeigt eigentlich schon das Kapitel vorher, in dem intensiv darauf eingegangen wurde, warum es unter normalen sozialen Umständen nicht im Wesen eines Hundes liegt, den ganzen Tag nur darauf aus zu sein, sozial aufzusteigen. Bei einem Hund, der ständig „stänkert“, liegen meist andere Gründe für sein Verhalten vor, wie zum Beispiel Unsicherheit, eine niedrige Frustrationsschwelle oder eine schlechte Sozialisierung im Welpenalter. Bei Beobachtungen von Wölfen, afrikanischen und asiatischen Dorfhunden und Haushunden konnte immer wieder festgestellt werden, dass ruhige, wenig aufbrausende Tiere ein hohes soziales Ansehen innerhalb eines Rudels oder einer Gruppe genießen. Stänkerer werden meist nicht ernst genommen, ihnen wird aufgrund ihrer labilen Persönlichkeit nicht vertraut und ganz sicher nicht gefolgt...

Dominanz daher als Führungsanspruch zu definieren, zeugt im Prinzip von wenig kynologischem Fachverstand. Nicht nur, dass der Begriff an völlig falscher Stelle genutzt wird, auch die eigentliche Bedeutung dieses Wortes kennen die wenigsten derer, die es ständig benutzen.

Im verhaltensbiologischen Kontext ist Dominanz ein beziehungsspezifisches, zeitlich begrenztes Durchsetzen bestimmter Interessen. Es kann also sein, dass ein Hund sich bestimmte Dinge von einem anderen gefallen lässt, während er in anderen Punkten den Ton angibt. Es kann sich sogar um die gleiche Verhaltensweise handeln, der der Hund mal mehr und mal weniger Bedeutung gibt und somit auch ganz unterschiedlich reagiert. Ein Beispiel hierfür wäre ein Hund, der einem anderen Hund des Haushalts zwar erlaubt, mit aus seinem Napf zu fressen, ihn aber keinesfalls an seinen Kauknochen lässt; oder der heute gelassen darauf reagiert, wenn ein anderer sich mit auf seinen Ruheplatz legt, während er an einem anderen Tag auf Distanz bedacht ist und dem anderen klar zu verstehen gibt, dass er keine Gesellschaft wünscht.

FAZIT:

Dominanz ist keine Charaktereigenschaft und es gibt ihn definitiv nicht, den (dauerhaft) dominanten Hund schlechthin. Dominanz ist immer beziehungsspezifisch, zeit- und situationsabhängig.

Dieses Kapitel soll einen Einblick in die kommunikativen Missverständnisse geben, wobei nicht nur die zwischen Mensch und Hund gemeint sind, denn die sind zwar oft gravierend, machen aber nur einen kleinen Teil der Verwirrung aus, die bei so manchem Hundehalter herrscht. Verursacht wird diese übrigens oft durch Hundeexperten, die es nicht einmal fertig bringen, untereinander so zu kommunizieren, dass letztendlich eine Verbesserung der Lebensqualität der Hunde dabei herauskommt.

KOMMUNIKATION

In der Kommunikation zwischen Mensch und Hund ist es wichtig, dass ein verantwortungsvoller Halter lernt, so viele körpersprachliche Signale seines Hundes wie möglich zu verstehen. Hierzu ist zunächst einmal wichtig, diesen gut und unvoreingenommen zu beobachten, zusätzlich kann man Fachbücher lesen, Seminare besuchen, Lehrvideos anschauen usw. Die unvoreingenommene Beobachtung betone ich deshalb ausdrücklich, weil es leider immer wieder vorkommt, dass der Blick des Beobachters durch eigene Interpretationen oder durch von anderen beeinflusste Meinungen getrübt ist. Nehmen wir als Beispiel einen wichtigen Teil des Ausdrucksverhaltens der Hundeartigen, die Beschwichtigungssignale. Sie wurden von der Norwegerin Turid Rugaas gründlich erforscht, ihre Ergebnisse sorgten für Aufsehen in der ganzen Welt und eröffneten uns eine ganz neue Perspektive auf Verhaltensweisen, die früher völlig anderen Funktionskreisen zugeordnet worden waren. Lassen Sie mich ein Beispiel geben: Ein Halter ruft seinen Hund und dieser setzt sich erst nach mehrmaliger Aufforderung in Bewegung, da er stark abgelenkt war. Der Halter, der durch diese Verzögerung ungeduldig geworden ist, ruft den Hund nun strenger und nimmt dabei auch eine leicht bedrohliche Körperhaltung ein – worauf der Hund sein Tempo beim Herankommen reduziert, am Boden schnüffelt und einen Bogen einschlägt. Der Halter wird nun wirklich ärgerlich, weil er das Verhalten seines Hundes als Provokation versteht. Er glaubt, der Hund zeige es, um ihn zu ärgern und seine Anweisung in Frage zu stellen. Deshalb wird er nun noch strenger und droht dem Hund, wenn er jetzt nicht sofort herankommt..., was der Hund mit beinahiger Bewegungslosigkeit quittiert. So schaukelt sich die Situation hoch, nur weil die körpersprachlichen Signale des Hundes falsch gedeutet wurden. Er zeigt sie nicht, um zu provozieren, sondern ganz im Gegenteil, weil er sein Herrchen beschwichtigen will. Und je mehr dieser droht, je stärker beschwichtigt er. Würde der Hund für sein Trödeln nun auch noch bestraft, dann würde man ihn dafür strafen, dass er sich deeskalierend verhält, was ein fataler Fehler wäre.

Ein anderes, häufig missverstandenes Kommunikationssignal des Hundes ist das Knurren. Viele Menschen glauben noch immer, ein knurrender Hund sei aggressiv und generell sei es einem Hund nicht erlaubt, einen Menschen anzuknurren, weshalb er bestraft werden müsse, wenn er dies tut. Dabei ist Knurren nichts weiter als eine Mitteilung, dass der Kommunikationspartner die Handlung, die er gerade ausführt, unterlassen soll. Häufig wird das Knurren zum Beispiel eingesetzt, wenn sich der Hund durch uns bedroht fühlt und einfach nur wieder mehr Distanz zwischen sich und den Menschen bringen will, den er fürchtet. Zusätzlich kommt es auch noch darauf an, wie er knurrt bzw. droht. Hunde können defensiv drohen oder offensiv, was man am gesamten Zusammenspiel von Körperhaltung, Mimik und Lautäußerung erkennen kann – und der Experte erkennen muss. Wird dem Hund das Knurren, also die Warnung, dass es ihm jetzt zu viel und/ oder zu eng wird, durch Bestrafung abgewöhnt, hat er gelernt, nicht mehr zu warnen... was keine gute Sache ist, denn die Gefühle, die den Hund zum Knurren veranlasst haben, sind ja noch vorhanden. Sie werden nur so lange unterdrückt, wie der Hund es irgendwie aushält – und wenn er es nicht mehr kann, wird er nicht mehr warnen, sondern gleich auf Abwehr gehen. Das Fatale: Oftmals spricht der gleiche Mensch, der dem Hund das Knurren verboten hat, von „Hinterhältigkeit“, wenn der nicht mehr warnt, bevor er abschnappt.

Schon diese beiden Beispiele zeigen, wie wichtig es ist, zumindest die Grundlagen der hündischen Kommunikation zu verstehen. Nur so kann man der Situation angemessen reagieren und wirklich in Kommunikation mit dem Hund treten, was wiederum die Basis einer guten Bindung und von gegenseitigem Vertrauen ist.

KÖRPER-SPRACHE

Da Menschen derselben Art angehören, sollte man annehmen, ihnen würde die Kommunikation untereinander leichter fallen, insbesondere, da sie zusätzlich zur Körpersprache, Mimik und einfachen Lautkommunikation noch eine komplexe Sprache entwickelt haben, die Sachverhalte auch sehr abstrakt darstellen kann. Ein Problem ergibt sich allerdings immer dann, wenn Sachverhalte von verschiedenen Standpunkten aus betrachtet werden und wenn selbst die gleiche Sprache unterschiedlich verstanden bzw. angewendet wird. Unzählige Beispiele hierfür finden Sie bei Politikern, die sehr unterschiedliche Vorstellungen von Begriffen wie Wahrheit, Demokratie, Finanzstabilität usw. haben, bei Handwerkern, die zum Beispiel beim Begriff Qualitätssicherung unter Umständen von völlig verschiedenen Sachverhalten ausgehen und dies erst bemerken, wenn der Schadensfall eintritt, oder eben in der Hundefachwelt, wenn Begriffe wie Dominanz, Rangordnung, Fehlverhalten usw. diskutiert werden. Die unterschiedlichen Interpretationen dieser Begriffe führen zu teilweise extrem unterschiedlichen Ideen darüber, wie Hunde gehalten und ausgebildet werden sollten. Und hier genau liegt das Problem. Wer hat mit seiner Anschauung recht? Wer bietet dem Hund ein möglichst artgerechtes und schönes Leben? Jeder wird sagen: „Ich!“ Während der andere sagt: „Stimmt doch gar nicht, denn Du machst dies und das und jenes, was für den Hund ganz schlimm ist!“ Und schon ist die Grundlage für ein endloses Streitgespräch gelegt, das in der Regel zu keinem Ergebnis führt, denn jeder will Recht behalten und beharrt deshalb auf seinem Standpunkt. Was auch richtig ist, wenn er von diesem wirklich überzeugt ist. Ich würde zum Beispiel niemals zustimmen, dass die Ausbildungsmethoden von Cesar Millan doch nicht so schlimm sind. Ihnen bleibt also nur, sich erstens

selbst ein gewisses Fachwissen anzueignen und zweitens nach einem Trainer zu suchen, der Ihrer eigenen Meinung, Weltanschauung und Ihrem Empfinden Tieren gegenüber möglichst nahe kommt. Ein gutes Wort, um hier Klarheit zu bekommen, ist das Wort „gewaltfrei". Machen Sie sich zunächst einmal selbst Gedanken darüber, was genau das für Sie bedeutet und führen Sie dann Gespräche mit Trainern, was die darunter verstehen. Sie werden überrascht sein, wie vielfältig die Antworten sein werden.

FAZIT:

Kommunikation ist wichtig – aber eben gar nicht so einfach. Wenn schon Menschen untereinander erhebliche Probleme damit haben, eine gemeinsame Sprache zu finden, wie schwierig ist es dann erst, Mensch und Hund auf einen Nenner zu bringen?!

Versuchen Sie, so viel wie möglich über Hunde, ihr Ausdrucksverhalten, ihre Eigenschaften und Verhaltensweisen zu lernen. Beobachten Sie Hunde unvoreingenommen und lernen Sie von ihnen, denn sie sind die besten Lehrmeister – insbesondere wenn es darum geht, ihre Sprache zu lernen.

Achten Sie bei der Wahl des Hundetrainers nicht nur auf seine Wortwahl und Ausdrucksweise, sondern auch darauf, wie er seine auf der Website oder in Büchern wohl formulierten Trainingsansätze in der Praxis umsetzt. Hinterfragen Sie seine Aussagen und achten Sie unbedingt auch auf Ihr Bauchgefühl, denn das sagt oft mehr als tausend Worte...

ERZIEHUNG & AUSBILDUNG

Während ich mir Gedanken mache, wie ich dieses Kapitel beginne, machen sich Bilder und Erinnerungen aus meiner Kindheit und Jugend in meinem Kopf breit, von denen ich Ihnen erzählen möchte. Übrigens, geboren bin ich im Jahr 1964...

Ich muss an Nachbars Waldi denken, der jeden Morgen allein zu seinem Streifzug aufbrach, wenn ich zur Schule ging. Ich muss an die Hofhunde des Reiterhofes denken, auf dem ich einen großen Teil meiner Jugend verbrachte – sie kannten keine Leinen, aber sie kannten genau die Grenzen des Hofes und ihres Reviers. Ich muss an Enzlo denken, unseren Familienpudel, der mich durch meine Jugend begleitete und schon lange über die Regenbogenbrücke gegangen ist, aber ein wichtiger Teil meines Lebens ist und bleibt. Ich denke an den Hund des Wirts unserer Stammkneipe, der nach seiner Abendpatrouille, die er selbstverständlich allein absolvierte, geduldig vor dem Eingang der Kneipe saß und wartete, bis ein Gast die Tür öffnete und er hineinhuschen konnte. **Alle diese Hunde hatten eines gemeinsam: Sie hatten niemals eine gezielte Erziehung genossen oder gar eine Hundeschule besucht. Trotzdem waren es allesamt nette, freundliche und ausgeglichene Hunde, die trotz der ein oder anderen kleinen Macke keine wirklichen Probleme bereiteten – weil auch niemand die kleinen Macken überbewertete oder zu Problemen aufbauschte.** Die Hunde waren da, liefen irgendwie mit und genossen eine Erziehung aus dem Bauch heraus – oder gar keine...

~~DRUCK UND SCHMERZ~~

Allerdings war es zu der Zeit meiner Kindheit und Jugend nicht so, dass alle Hunde in Deutschland in einem Paradies lebten. Wenn nämlich erzogen wurde, dann deftig und nach meiner Ansicht mit groben Mitteln der Tierquälerei. Hundeschulen, wie man sie heute kennt, gab es zumindest in meiner Region nicht. Es gab Hundevereine, und dabei vornehmlich spezielle Rassevereine, sowie Jagdverbände, die eine Hundeerziehung praktizierten, die meist durch schmerzhafte Erfahrungen und daraus resultierendes Meideverhalten bestimmt war. Hunden wurde außer ein paar einfachen Kommandos praktisch nichts beigebracht, ihnen wurde nur das, was sie nicht durften, durch Druck und Schmerz abgewöhnt. Gebrochene Persönlichkeiten waren die Folge, die auf dem Hundeplatz funktionierten, aber im normalen Alltag unberechenbar waren – weil sie über Schmerz zu frustrierten Lebewesen voller Angst mit einer niedrigen Reizschwelle zur Aggression erzogen worden waren, während sie nur relativ wenigen sozialen Kontakt zu Menschen oder Hunden hatten unter anderem auch deshalb, weil sie die Zeit abseits vom Hundeplatz meist in einem Zwinger verbringen mussten.

Zusammengefasst gab es bis in die frühen 1980er Jahre hinein eigentlich nur unerzogene, aber weitgehend als problemlos empfundene Hunde sowie in Vereinen ausgebildete, die zwar bis zu einem gewissen Grad funktionierten, aber nur bedingt alltagstauglich waren. Zusätzlich gab es auch noch Kettenhunde und Wachhunde, die aufgrund geringer Sozialkontakte und Außenreize ein furchtbares Leben führten und eigentlich nur vor sich hin vegetierten.

Die weitaus größte Gruppe war aber sicherlich die der erwähnten, unerzogenen Hunde, die einfach mit und bei uns lebten. Deren kleine Probleme im Alltag wurden hingenommen, meist pragmatisch gesehen und nicht zu globalen Katastrophen hochstilisiert. Früher war zwar nicht alles besser, aber der Umgang mit dem Hund und das Verhältnis zu ihm war vor 20 bis 30 Jahren ein ganz anderes als heute und in vielerlei Hinsicht unkomplizierter. Warum das so ist, darüber kann man nur spekulieren.

Unser Leben ist schnelllebiger geworden, ständig müssen wir uns an neue gesellschaftliche Entwicklungen anpassen. Die Mode wechselt häufiger ihren Stil, und während man früher Möbel für ein ganzes Leben kaufte, wird heute nach wenigen Jahren alles ausgetauscht, weil es nicht mehr „in" ist und uns medial vorgegaukelt wird, dass man praktisch dazu verpflichtet ist, diesen oder jenen Trend mitzumachen, weil man sonst gesellschaftlich oder sozial ausgegrenzt wäre. So wird ein gesellschaftlicher Zwang etabliert, der uns vom denkenden Menschen immer mehr hin zur Marionette der Wachstumsgesellschaft werden lässt, die krampfhaft nach Erneuerung sucht, um den Wachstumsmotor am Laufen zu halten. Zusätzlich zu der Gesellschaft des ständigen Wechsels leben wir in Deutschland (und natürlich vielen anderen wirtschaftlich weit entwickelten Ländern) in einer Art realem Disney Land, wo alles nach „Schema F" funktionieren muss. Diese gesellschaftliche Entwicklung letztlich zu beurteilen oder gar zu verurteilen, überlasse ich gern anderen. Was mir aber Sorgen macht, ist die Rolle des Hundes in diesem Szenario. Schon der Wunsch nach Perfektion ist schwierig, denn schließlich haben wir es mit einem Lebewesen zu tun, das niemals perfekt sein kann – ebenso wie wir das nicht sein können. Für kleine Eigenheiten oder Spinnereien – noch dazu eines Hundes – ist bei all dem Perfektionismus aber kein Platz. Lassen Sie mich an einem Beispiel erläutern, was ich meine. Ein Mädchen aus unserer Nachbarschaft machte im Alter von neun Jahren die unschöne Erfahrung, dass der Schäferhund der Familie nach ihr schnappte. Erschrocken lief sie zu ihrem Vater und beschwerte sich heulend und lautstark, der Hund habe sie gebissen. Der Vater fragte ganz ruhig, wo denn die Wunde sei, die die Kleine nicht vorzeigen konnte, denn der Hund hatte zwar gezielt nach ihr geschnappt, sie jedoch absichtlich verfehlt. Der Vater fragte nun als nächstes, warum der Hund denn nach ihr geschnappt habe, worauf das Mädchen sagte, sie habe ihm nur den Knochen wegnehmen wollen. Der Vater lachte daraufhin und sagte zu ihr, dass sie nun hoffentlich gelernt habe, einen fressenden Hund in Ruhe zu lassen, so wie er es ihr schon zigfach erklärt habe. Das wars. Ende der Geschichte. Die Kleine hörte auf zu Heulen und ging zum Spielen.

~~PERFEKTION~~

Nun stellen Sie sich die gleiche Begebenheit einfach im Jahr 2011 vor. Ein Kind läuft zu seinem Vater, heult und plärrt und behauptet, der Hund habe es gebissen. In den allermeisten Fällen wird dies endlose Diskussionen des Familienrates nach sich ziehen, in denen besprochen wird, wie gefährlich der Hund für das Kind hätte werden können. Da es sich um einen Deutschen Schäferhund handelt (nicht gerade klein und mit weitgehend negativem Image behaftet), kann es gut sein, dass in Betracht gezogen wird, ihn lieber abzugeben, bevor noch Schlimmeres passiert. Eventuell wird auch ein Trainer zu Rate gezogen, der mit gewichtiger

Miene jegliche Verantwortung ablehnt, sollte der Hund das Kind doch eines Tages beißen. Es wird über Wesensfestigkeit diskutiert und darüber, ob der Hund das Kind „dominieren" wolle. Evtl. wird auch über mehr oder weniger erfreuliche und mehr oder weniger sinnvolle Erziehungsmethoden versucht, dem Hund klar zu machen, dass er niemals und unter keinen Umständen nach einem Kind schnappen darf. Hätte es sich nicht um den familieneigenen Hund gehandelt, sondern um den des Nachbarn oder eines Spaziergängers, hätte der Hundehalter mit 100%iger Sicherheit eine Anzeige am Hals.

Sie glauben, dieses Szenario sei überzogen?! Dann passen Sie mal auf! Im Herbst 2011 lief der Rottweiler einer Familie über das Nachbargrundstück, um eine Amsel aufzuscheuchen. Der Nachbar befand sich mit seiner Familie bei geschlossenen Türen und Fenstern im Haus, also nicht im Garten. Er frühstückte mit seinen beiden Töchtern, 11 und 13 Jahre alt, und beobachtete den Hund durch das Fenster. Der Hundehalter rief den Hund, der nach vier- oder fünfmaligem Abruf auch schließlich angetrottet kam, nachdem die Amsel einfach weggeflogen war. Diese Begebenheit zog nach sich, dass der Hund zum staatlich geprüften Wesensrichter musste und bis dahin mit einem Leinen-

Das Mädchen sagte, sie habe dem Hund nur den Knochen wegnehmen wollen.

und Maulkorbzwang versehen wurde. Wieso?! Nun, der Nachbar, der sich, wie gesagt, im Haus befand, hatte Angst, seine Töchter könnten einen Schock bekommen, wenn sie den Hund im Garten herumhetzen sehen. Deshalb zeigte er den Hundehalter an. Die Sachbearbeiterin des Ordnungsamtes eines Bundeslandes, in dem der Rottweiler auf Anhangliste 2 der als gefährlich eingestuften Kampfhunde geführt wird, verhängte daraufhin ohne weitere Prüfung des Sachverhalts die beschriebenen Sanktionen. Der erste Wesensrichter, den der Hundehalter aufsuchte, rief nach dessen Überprüfung beim Ordnungsamt an und teilte vorab telefonisch mit, der Hund sei völlig ungefährlich, sehr gut verträglich mit Menschen und Artgenossen und es gehe keine Gefahr von ihm aus. Sein schriftlicher Bericht werde folgen, hier sei wohl etwas überreagiert worden. Daraufhin lehnte die Sachbearbeiterin ihn wegen Befangenheit ab und der Hund musste nochmals zu einem Wesenstest! Alle Kosten hatte selbstverständlich der Hundehalter zu tragen. Der zweite Wesensrichter bescheinigte wieder, dass der Hund vollkommen verträglich sei, empfahl dem Halter aber, ihn ein paar Sanktionen in den Bericht schreiben zu lassen, damit die Sachbearbeiterin endlich Ruhe geben würde. Unglaublich? Ja, aber wahr!

Doch kommen wir zurück zu Erziehung und Ausbildung. Was mich nachdenklich werden lässt, ist die Tatsache, wie Hunde heute leben und was von ihnen verlangt wird. Wie Hunde früher (vor gar nicht so langer Zeit...) in Mitteleuropa lebten, habe ich ja schon kurz zu Beginn dieses Kapitels skizziert. Letztlich waren die meisten Hunde schlicht unerzogen, sie waren einfach da und lebten mit und bei uns – diejenigen, die eine Erziehung genossen, waren dagegen wesentlich ärmer dran, weil die Erziehung damals nichts anderes als ein gewaltsames Brechen der Persönlichkeit war. Da sind die Hunde heute doch besser dran. Sie werden in Hundeschulen freundlich und unter Berücksichtigung moderner Lernkonzepte erzogen und in einer modernen, aufgeklärten Gesellschaft werden selbstverständlich keine Lebewesen mehr gewaltsam gebrochen, sondern nach neuesten wissenschaftlichen Erkenntnissen ausgebildet und gehalten. Ach ja? Ist das wirklich so?

Nein, leider ist das nicht der Fall. **Zwar werden heute wesentlich mehr Hunde gezielt erzogen und auf ihre gewünschte Rolle in der menschlichen Gesellschaft vorbereitet; die Probleme, die Hundehalter mit ihren Tieren haben, sind dadurch aber nicht kleiner geworden, sondern ganz im Gegenteil viel größer. Und ich wage die Theorie: Je mehr Hundeschulen, je mehr Ausbildungstheorien und Erziehungsmethoden es gibt, desto mehr Probleme treten augenscheinlich auf.** Also nicht trotz des großen Angebots an Hundeschulen, Trainern, Kynopädagogen usw., das dem Hundehalter zur Verfügung steht, sondern eben genau deswegen. Das hat mehrere Gründe. Zum einen ist da die bereits angesprochene Disney Land Mentalität, in der alles funktionieren muss, also auch der Hund, gepaart mit der sich ins Uferlose steigernden Konsumgesellschaft, die sich mit immer neuen Trends und Erfindungen selbst ins Chaos stürzt. Um den perfekt funktionierenden Hund zu haben, wird alles ausprobiert, was der Markt so hergibt. Ich habe schon Hunde (und ihre Halter) erlebt, die alle zwei Wochen die Hundeschule wechselten, alle Erziehungsmethoden durch und jedes alternative Heilmittel ausprobiert hatten und täglich einen neuen Termin beim Hundesport absolvierten. Alles nur, um allen gängigen Trends gerecht zu werden. **Der Hund muss perfekt erzogen sein und der Halter glaubt, ihm mit Clicker, Dogdancing, Free Style & Co. eine artgerechte Auslastung zu bieten. Jeder unerzogene Hofhund führte dagegen ein paradiesisches Leben, denn er wurde nicht derartig gestresst und mit überzogenen Ansprüchen überfrachtet.** Mit all diesem Aktionismus erreicht man dann genau das Gegen-

teil von dem, was man erreichen möchte, denn man erhält mit Sicherheit keinen ausgeglichenen, in sich ruhenden, souveränen Hund, sondern eher einen hyperaktiv durchgeknallten, der schnell in Raufereien verwickelt wird, in Beuteaggression kippt oder sonst irgendwie auffällig reagiert – ja nachdem, in welchem Bereich er übertrainiert wurde.

HUNDE-KOMMERZ

Das Bemühen um den perfekten Hund ist zusätzlich ebenso zum Scheitern verurteilt wie das um den perfekten Menschen, denn beide gibt es nicht, kann es nicht geben, was übrigens nicht heißen soll, dass man seinen Hund gleich gar nicht zu erziehen braucht. Um Hunden ein halbwegs „hundgerechtes" Leben in der heutigen Gesellschaft zu ermöglichen, ist eine grundsätzliche Erziehung sicher notwendig, schon allein, um soziale Spannungen mit den Mitmenschen (und hier speziell den Nichthundehaltern) zu vermeiden. Aber das, was heute auf Hunde und ihre Halter an Erziehungsmethoden und weiterem „Hundekommerz" hereinbricht, können beide nicht mehr verkraften und beide werden mehr verwirrt, als geschult.

Bevor ich genauer auf eine sinnvolle Erziehung eingehe, möchte ich mich noch kurz mit Hunden befassen, die zwar in der heutigen Zeit leben – aber in einer völlig anderen Haltungsumwelt, bzw. in einem völlig anderen Kulturkreis. Es geht um Hunde, die auf einer Ranch in Kanada oder als Dorfhunde in Afrika leben.

Um mein kynologisches Wissen immer auf dem neuesten Stand zu halten und ständig zu erweitern, besuche ich Seminare und Fachvorträge und lese die aktuellen Fachmagazine und Bücher. Das alles ist gut und wichtig, doch die besten Lehrmeister sind die Hunde selbst. Am meisten lerne ich täglich von meinen eigenen Hunden und von denen, mit denen ich als Hundepsychologe und Verhaltensberater zu tun habe. Aber es gab noch andere, die mir halfen, wichtige Grundlagen des Sozial- und Ausdrucksverhaltens zu verstehen, nämlich die Hunde, die auf den großen landwirtschaftlichen Betrieben in Kanada und den USA leben, sowie die ursprünglichen Hunde, die in Dorfgemeinschaften in Afrika zu Hause sind. Beide habe ich mit großer Begeisterung in ihrem Umfeld beobachtet.

Die Ranchhunde in Nordamerika leben weitgehend so, wie Hunde dies schon seit ewigen Zeiten an der Seite der Menschen tun. Sie laufen frei auf dem Gelände herum, sichern und bewachen das Territorium, melden, wenn sich Raubtiere den Nutztieren nähern und führen ein ganz normales Leben. Sie sind da, beschäftigen sich selbst und aufgrund ihrer natürlichen Veranlagungen erledigen sie Jobs wie die Bewachung vollkommen automatisch und sind genauso selbstverständlich sozialisiert mit den anderen Hunden der Umgebung – ein einfacher Effekt, der aus der Tatsache resultiert, dass schlecht sozialisierte Hunde in diesem Umfeld auch schlechte Überlebenschancen hätten, weil sie nicht dauernd von Menschen beaufsichtigt werden.

Die Hunde nutzen jede Gelegenheit, sich ihren Teil der menschlichen Nahrung zu organisieren oder zu erbetteln. Dafür müssen sie nicht nur zu den anderen Ranchhunden gute soziale Kontakte pflegen, sondern auch zu den Menschen. Eigentlich leben diese Hunde noch so, wie die zuvor beschriebenen Hunde meiner Kindheit und Jugend. Ernsthaft erzogen werden sie nicht, ernsthafte Probleme haben die Rancher aber auch nur sehr selten mit ihnen...

Genauso wenig wie die Menschen in weiten Teilen von Schwarzafrika, wo die Hunde zwar nicht so ein Luxusleben wie bei uns führen, aber trotzdem oftmals ein wesentlich hundgerechteres... Die Afrikaner in Tansania stammen aus unterschiedlichster Kultur-, Religions- oder Stammeszugehörigkeit, aber alle behandeln ihre Hunde irgendwie gleich – nämlich als Lebewesen, die einfach da sind. Und, das ist in Afrika ganz wichtig, die keine wirkliche

In Afrika sind Hunde eben Hunde, sie sind da, so wie sie schon immer da waren – sie gehören irgendwie zum Menschen.

Aufgabe haben, zumindest keine, die Menschen ihnen zuteilen. Die Afrikaner wissen schon, dass die Hunde ihren Nutzen als Rattenvertilger haben und auch als Wächter Haus, Hof und ggf. Nutztiere schützen. Große Ansprüche stellt aber kein Afrikaner an seinen Hund, oder besser an den Hund, der irgendwie in seiner Nähe lebt. Übrigens, diese afrikanischen Dorfhunde darf man nicht mit den Straßenhunden vergleichen, die zum Beispiel in Süd- oder Osteuropa ein ziemlich schlechtes Dasein fristen. In Afrika sind Hunde eben Hunde, sie sind da, so wie sie schon immer da waren – sie gehören irgendwie zum Menschen, aber niemand macht sich darüber Gedanken. Und niemand erzieht einen Hund. Ich glaube, ich brauche an dieser Stelle nicht zu erwähnen, dass die Probleme mit den Hunden sich dort in sehr engen Grenzen halten.

Ich vergesse nie den Fahrer, der mich durch Tansania fuhr und fragte, was ich beruflich mache. Ich dachte mir schon, dass ich Hundepsychologe besser nicht sagen sollte, weil so etwas von einem Menschen, der in einem Land lebt, in dem für die Mehrheit der Bevölkerung Humanpsychologen kaum erreichbar sind, sicher nicht verstanden würde. Also sagte ich „Dogscoach" (Hundetrainer). Der Fahrer fragte noch einmal nach und sagte dann nichts mehr. Ich konnte ihm aber ansehen, was er dachte: „Die spinnen, die Deutschen."

Übrigens, bei all meiner Begeisterung für ursprünglich lebende Hunde: Natürlich gibt es auch Ranchhunde in Nordamerika, die ein schlechtes Leben führen, weil sie von ihrem Halter schlecht behandelt werden. Und Nordamerika an sich ist im Punkt Hundeerziehung, wie man am Anfang dieses Buches am Beispiel Cesar Millan sieht, sicher nicht besser als Mitteleuropa. Allerdings gibt es sie noch, diese Inseln der Glückseligkeit, wo Hunde noch Hunde sein dürfen. Genauso ist es in Schwarzafrika. Natürlich gibt es auch dort sehr arme, geschundene Hunde, die zum Beispiel an der Kette leben müssen und nur mangelhaft versorgt und lieblos behandelt werden. Aber in der großen Mehrheit leben die Hunde dort zwar ohne Tierarzt und Fertigfutter, aber wie echte Hunde. Außer in Südafrika. Das afrikanische Land hat mit seiner stark europäisch geprägten Kultur und Gesellschaft auch den natürlichen Bezug zu Hunden verloren. Dort werden die Hunde erzogen/ ausgebildet, ganz anders als zum Beispiel in Tansania. Dass die Südafrikaner dadurch weniger Probleme mit Hunden haben als die Menschen in Tansania, wage ich zu bezweifeln...

Anhand meiner Beispiele und Erfahrungen kann man also ein Bild erkennen, welches aufzeigt, dass Hunde in unserer Gesellschaft früher, und in anderen Gegenden der Welt noch heute, auch ohne ernsthafte Erziehung recht problemlos unter den Menschen lebten und leben. Nur in unserer Gesellschaft, in der es täglich mehr Menschen gibt, die professionell in der Hundeerziehung arbeiten, gibt es auch täglich mehr Probleme mit unseren besten Freunden auf vier Pfoten. Obwohl es, wie bei jeder inflationären Entwicklung, auch schwarze Schafe unter den Hundeprofis gibt, möchte ich mit dieser Feststellung der wachsenden Probleme in Verbindung mit der wachsenden Zahl von Hundeexperten, nicht alle Berufe rund um den Hund in Frage stellen. Im Gegenteil. Ich habe eher den Eindruck, dass Hundetrainer oftmals vom gesellschaftlichen Druck genauso erdrückt und überfordert werden wie die Hunde (und ihre Halter) selbst. Die Nichterfüllung der überzogenen Erwartungen führt zu Problemen oder dazu, dass Verhaltensweisen schlichtweg überbewertet werden.

Da ich andererseits aber auch nicht der Meinung bin, Erziehung sei insgesamt eigentlich überflüssig, möchte ich hier einige Grundpfeiler einer aus meiner Sicht sinnvollen Hundeausbildung skizzieren. Sie umfassen das gesamte Paket der Hundeerziehung, einschließlich dem Verhältnis zwischen Hund und Halter und dem zwischen dem Hund und seiner Umwelt:

- Ein Hund muss so gehalten und geführt werden, dass von ihm keine Gefahr für Menschen, andere Hunde, andere Tiere und sich selbst ausgeht.
- Ein Hund sollte niemanden belästigen. Man muss bedenken, dass nicht alle Menschen Hundefreunde sind, und selbst diese müssen sich nicht von fremden Hunden belästigen lassen, wie dies zum Beispiel beim Anspringen der Fall ist. Eine Belästigung, die ich für einzelne Menschen, aber auch für die Gesellschaft an sich für tolerabel halte, ist das zeitweise Bellen eines Hundes. Solange ein Hund nicht den ganzen Tag unaufhörlich kläfft, sollte man durchaus in der Lage sein, seine Lautäußerungen zu tolerieren. Schließlich hat der Mensch aus dem recht schweigsamen Wolf den relativ viel bellenden Hund gemacht, um dies für seine eigenen Zwecke zu nutzen; denn das Melden von Fremden, die sich dem Lager, später dem Hof näherten, war eine willkommene Warnung. Außerdem hat wohl jedes Lebewesen das Recht, sich hin und wieder zu äußern – nicht nur der Mensch, der am meisten von allen spricht.
- Ein Hund muss so gehalten werden, dass seine Bedürfnisse erfüllt werden und ihm kein körperliches oder seelisches Leid zugefügt wird.

Um diese Parameter zu erfüllen, bedarf es an Erziehung und Grundausbildung letztlich weniger Aufwand, als man denkt. Der Hundehalter sollte über Kommunikation und Lernverhalten seines Tieres ebenso Bescheid wissen wie über seine Grundbedürfnisse nach Sicherheit, Ruhe, Nahrung, Erkundungsverhalten, sozialer Gemeinschaft usw. Um all das zu lernen, muss keine Doktorarbeit geschrieben werden. Oft reicht die Bereitschaft aus, sich in das Tier hineinzuversetzen, ein

paar – gute! – Bücher zu lesen und aus Beobachtung zu lernen. Früher wurde dieses Wissen ohne großes Aufsehen vermittelt, von Generation zu Generation wurde weitergegeben, was ein Hund mag und was nicht, was man mit ihm tun kann – und was man lieber bleiben lässt, um nicht gebissen zu werden. Ich erinnere mich an einen Bauern in den 1970er Jahren, der seinem siebenjährigen Sohn Folgendes sagte, als dieser vom Hofhund gezwickt wurde:
„Hat er geknurrt, bevor Du ihn angefasst hast?"
„Ja", antwortete das Kind.
„Dann lass ihn das nächste Mal in Ruhe, wenn er knurrt", war die lapidare Antwort des Vaters.
Der Junge wurde nie wieder vom Hofhund angegangen... Wissen, das früher einfach so nebenbei weitergegeben wurde, muss heute manchmal mühsam vermittelt werden. Das Resultat ist aber das Gleiche. Wenn man Kommunikationsmittel wie das Knurren kennt, wird man seltener vom Hofhund gebissen...

Aber für den durchschnittlichen Hundehalter, der frei von übertriebenem Ehrgeiz ist, sich vor seiner Umwelt mit dem perfekt funktionierenden Hund zu profilieren, reichen einige wenige Signale aus, um die meisten Alltagssituationen zu meistern. Das Abrufen, das Lenken in eine bestimmte Richtung und das Bleiben am zugewiesenen Ort reichen aus, um Gefahrensituationen zu vermeiden oder zu verlassen. Leinenführigkeit ist wünschenswert, um den gemeinsamen Spaziergang stressfreier und angenehmer für beide zu gestalten und es ist von Vorteil, wenn der Hund sich ruhig verhält, wenn man es ihm sagt. Zusätzlich sollte er an seine Haltungsumwelt gewöhnt werden, aber wirklich auch nur an die, in der er lebt. Ich halte es für völlig unsinnig, mit einem Hund, der auf dem Land lebt, in die Großstadt zu fahren, nur damit er die auch mal gesehen hat – denn gewöhnt wird er durch diesen einmaligen Besuch an den für ihn fremden Trubel mit Sicherheit nicht, er wird eher reizüberflutet.

Selbstverständlich gibt es Hunde, die aufgrund ihrer Rassezugehörigkeit Verhaltensweisen an den Tag legen, für die umfangreiche Trainingsprogramme ausgearbeitet werden müssen. Ein Herdenschutzhund zum Beispiel, der sein eigenständiges Bewachen des Territoriums unterbrechen soll, wenn sein Mensch ihm das sagt. Ein Jagdhund, der nicht unkontrolliert durch Wald und Flur hetzen soll usw. Ebenso gibt es Hunde, die aufgrund gemachter Erfahrungen bestimmte Ängste, Vorlieben, Abneigungen usw. entwickelt haben. Auch sie brauchen ein auf ihre Bedürfnisse abgestimmtes Training, das ihnen das Leben erleichtert – und natürlich ihren Haltern.

FAZIT:

Wahrscheinlich müssen wir alle mal wieder auf den Teppich kommen. Selbstverständlich ist es gut, wenn ein Hund gewisse Grundkommandos kennt, die das tägliche Zusammenleben erleichtern, und im Sinne eines gewaltfreien Trainingskonzepts sollte es selbstverständlich sein, dass er diese Kommandos über positive Verstärkung und unter Ausschluss aversiver Reize lernt. Aber darüber hinaus sollte sich jeder Hundehalter fragen, welche Ausbildungsziele für seinen Hund wirklich wichtig sind und sich nicht von gesellschaftlichen Zwängen, Druck durch die Öffentlichkeit oder den Trainer und den eigenen Perfektionismus antreiben lassen.

Wenn wir an die Erziehung unseres Hundes wieder entspannter herangehen, werden wir wahrscheinlich deutlich weniger Probleme haben, als wenn wir einem durch die Medien stilisierten Ideal hinterherlaufen, das weder wir noch unser Hund wirklich erfüllen können und das uns nur unsäglich stresst, nervt und unter Druck setzt.

POSITIVE VERSTÄRKUNG

Dieses Kapitel soll nicht nur einen kurzen Einblick in das Lernverhalten des Hundes geben, sondern auch aufzeigen, dass Begriffe, die der Verhaltensbiologie entnommen und allzu leichtsinnig in die Hundeerziehung übertragen werden, für sehr viel Verwirrung sorgen können. Es handelt sich hierbei um wissenschaftlich korrekte Termini, die der ein oder andere Hundeexperte gern einsetzt, um damit seine Kompetenz zu untermauern. Allerdings werden diese Wörter im „normalen" Leben mit ganz anderer Bedeutung genutzt.

Die Wortverbindungen „positive und negative Verstärkung" sind hierbei noch für jedermann gut verständlich und bieten tatsächlich eine Wissensgrundlage, weil die Worte „positiv" und „negativ" hier durchaus dem entsprechen, was sich der durchschnittliche Mensch darunter vorstellt. Allerdings werden sie auch sowohl in der Verhaltensbiologie als auch in der Hundeerziehung häufig in Verbindung mit Strafe eingesetzt, so dass von „positiver Bestrafung" und „negativer Bestrafung" die Rede ist, wobei eine „positive Bestrafung" wirklich nichts Gutes ist und nur zeigt, dass nicht alles, was im Training als positiv bezeichnet wird, auch wirklich gut für den Hund ist.

Positive Verstärkung jedoch ist eine gute und gewaltfreie Methode, einem Hund etwas beizubringen. Sie bedeutet nämlich nichts anderes, als dass ein vom Hund gezeigtes Verhalten durch etwas für ihn Positives wie Futter, Spiel oder ein freundliches Lob verstärkt wird. All das löst beim Hund ein Wohlgefühl aus, das er wieder anstrebt. Mit anderen Worten, er wird dieses Verhalten verstärkt zeigen, um wieder an dieses für ihn lohnende Etwas zu kommen. Im Training geht es nun darum, durch ein optimales Timing und die Verknüpfung mit einem Signalwort einen Zusammenhang zwischen dem Kommando und der Belohnung herzustellen.

Die Wissenschaft ist sich heute einig, dass über positive Verstärkung Gelerntes im Säugetiergehirn (also auch im menschlichen und hundlichen) dauerhafter abgespeichert wird als über Meidemotivation. Wenn es also um komplexes und nachhaltiges Lernen geht, ist die positive Verstärkung das Mittel der Wahl. Als Gegenstück zur positiven Verstärkung, also dem Lernen über Wohlbefinden in Verbindung mit einer richtigen Handlung, gibt es auch die negative Verstärkung. Hier wird unerwünschtes Verhalten mit negativen Konsequenzen sanktioniert, das heißt, der Hund wird eingeschüchtert, geschlagen oder mit Leinenruck traktiert usw. Sicher kann man einfache, unerwünschte Handlungen durch diese Methode hier und da unterbinden, obgleich die Frage ist, warum man das tun sollte, wenn es auch positiv geht?! Aber komplexes Lernen ist so nicht möglich, denn der Körper des Hundes wird durch Schmerz und Angst in Alarmbereitschaft versetzt, um ggf. bereit zu sein, sich zu verteidigen oder zu fliehen. Salopp ausgedrückt hat das Gehirn also anderes zu tun, als eine Lernverknüpfung herzustellen.

FUTTER, SPIEL UND FREUNDLICHE ZUWENDUNG ALS POSITIVE VERSTÄRKER

Bei der Auswahl der Belohnung sind einige Dinge zu beachten. Wenn man über Futter arbeitet, ist es wichtig, dass man eines verwendet, das der Hund auch wirklich lecker findet. Es gilt die einfache Regel: Je höher der zu erbringende Arbeitsaufwand ist, je attraktiver sollte das Futter sein. Das klingt logisch – wird aber von den meisten Hundehaltern leider nicht beherzigt! Der Hund wird aus dem schönsten Spiel mit seinen Kumpels abgerufen, gehorcht auch tatsächlich sofort – und bekommt als Belohnung das gleiche Trockenfutter, das er morgens schon gelangweilt in seinem Napf vorgefunden hat. Er findet eine tote Ratte, eine in seinen Augen wertvolle Beute und soll diesen wertvollen Schatz gegen einen trockenen Keks eintauschen?! Das wird, zumindest auf Dauer, nicht funktionieren. Also, wenn man möchte, dass sein Hund wirklich gute Arbeit abliefert, muss man ihm dafür auch eine wirklich gute Belohnung anbieten, zum Beispiel in Form von Wurst, Käse oder Fisch. Was immer er wirklich gerne mag. Man kann auch für unterschiedlich schwierige Aufgabenstellungen eine Art „Hitliste" von Leckerchen in seinem Futterbeutel mitnehmen. Für sehr einfache Arbeitsaufträge gibt es nur einen Keks, für die Abgabe von Beute oder Gehorchen unter großer Ablenkung Fleisch.

Interessant ist übrigens, dass gerade die positive Verstärkung über Futter für heftige Diskussionen in der Hundeszene sorgt. Unter anderem hört und liest man immer wieder von Trainern, die damit werben, komplett ohne Leckerchen zu arbeiten – und dies praktisch als Qualitätsmerkmal ihrer Arbeit darstellen, was aus Sicht der Lerntheorie, wie schon erklärt, aber eher zweifelhaft ist. Dann wird gern das Horrorszenario ausgemalt, dass der Hund nie gehorchen würde, wenn man mal das Leckerchen vergisst – was schlichtweg Unsinn ist. Nachdem ein Lernvorgang über Futterbelohnung aufgebaut und in den ersten zehn Tagen bei fehlerfreier Ausführung jedes Mal mit Futter bestätigt wurde, wechselt man sowieso zur variablen Bestätigung, die die nachhaltigsten Ergebnisse bringt. All das ist seit Jahrzehnten bekannt und bewiesen und ich frage mich, ob die Kollegen, die wie oben erwähnt argumentieren, diese wissenschaftlichen Erkenntnisse nicht kennen oder einfach ignorieren, weil sie nicht in ihr Weltbild passen?! Beides wäre dann kein besonderes Qualitätsmerkmal...

Eine gute Möglichkeit der positiven Verstärkung ist ein gemeinsames Spiel. Aber achten Sie darauf, den Anteil an Beutespielen gering zu halten, um eine Beuteverteidigung oder -aggression zu vermeiden.

Auch das Argument, in der freien Natur gäbe es schließlich auch kein Leckerchen, ist gelinde gesagt dämlich. Ein Wolf, Hund, Schakal, Kojote usw. zeigt in der freien Natur Handlungen, um an was zu kommen? Genau! An Nahrung. So einfach ist das. Hinzu kommt die von Erik Zimen definierte „sozial bedingte Kindlichkeit“ des Haushundes. Bei einem Kaniden in freier Wildbahn zeichnet sich das Stadium des Erwachsenwerdens unter anderem dadurch aus, dass er sich seinen Sexualpartner frei wählt, also eine eigene Familie gründet und in der Lage ist, selbst für seine Nahrung zu sorgen. Diese beiden wichtigen Verhaltensfunktionskreise verwehren wir unserem Haushund, denn seine Sexualität findet in der Regel gar nicht oder (durch die Zucht) von uns vorbestimmt statt und wir lassen ihn mit Sicherheit nicht sein Futter selbständig erjagen. So kommt es zur sozial bedingten Kindlichkeit, die uns Vorteile bringt, denn durch sie schließt sich der Hund enger an uns an, als es ein erwachsener, in Freiheit lebender Kanide je tun würde. Wenn wir also in übertragenem Sinne die Eltern unserer Hunde sind, sollten wir sie füttern – denn genau das tun Eltern mit ihrem Nachwuchs.

Eine weitere Möglichkeit der positiven Verstärkung besteht im Spiel. Hierbei sollten Sie darauf achten, den Anteil an Beutespielen gering zu halten, denn sie führen schnell dazu, dass die Beute, zum Beispiel der Futterdummy oder ein Ball, eine so hohe Wertigkeit für den Hund erlangt, dass die Beuteverteidigung/ Beuteaggression nicht weit ist. Darüber hinaus kennen wir alle die Bilder von Hunden, die einer regelrechten Gehirnwäsche unterzogen wurden und wie verblödete Marionetten ihrem Motivationsobjekt hinterherlaufen. Ein trauriger Anblick, der nichts mit Ausbildung oder Erziehung zu tun hat, sondern lediglich mit Manipulation, die so weit geht, die Persönlichkeit des Hundes zu zerstören.

VARIABLE BESTÄTIGUNG

Last not least gibt es noch die Möglichkeit, den Hund über positive Zuwendung wie Lob und Streicheln zu motivieren. Hierbei ist es wichtig, Stimme und Körpersprache so einzusetzen, dass der Hund unsere Zuwendung auch wirklich als positiv empfindet. Ein allzu kräftiges Klopfen auf den Brustkorb mit einem polternden „Ja, so ist er aber fein!“, bringt ihn eher dazu, sich zu entziehen. Ebenso ein hysterisch jodelndes „Jaaaa, so ist er aber feiiiiin!“ begleitet von hüpfenden Bewegungen, hochrotem Kopf und ausladendem Fuchteln mit den Armen.

FAZIT:

Aufgrund der vorher beschriebenen Gründe sollte in der modernen Hundeerziehung die positive Verstärkung das Mittel der Wahl sein, wenn man nachhaltige Lernerfolge erzielen möchte. Wichtig sind hierbei die Auswahl der richtigen Belohnung und ein gutes Timing, um den gewünschten Lernerfolg zu erreichen.

BESTRAFUNG/ ABBRUCHSIGNALE

Das Thema Bestrafung wird unter Trainern heiß diskutiert. Während die einen behaupten, jede Form der Strafe sei tierschutzrelevant und deshalb abzulehnen, sehen andere überhaupt kein Problem darin, über Strafe, auch in Form von schmerzhafter Einwirkung, zu arbeiten und propagieren sogar, nur über Strafe abgesicherte Kommandos würden wirklich zuverlässig vom Hund ausgeführt, da dieser sich vor der Konsequenz fürchtet, die ihm droht, wenn er sie nicht befolgt. Deshalb müsse die Strafe auch schmerzhaft bis traumatisch ausfallen, damit sie richtig wirke.

Auch wenn ich dieser Meinung keinesfalls zustimme, bin ich der Ansicht, dass ein richtig gesetzter Strafreiz wertvolle Dienste in der Hundeerziehung leisten kann. Bevor sich mancher Leser nun aufregt und glaubt, so ganz gewaltfrei würde ich also doch nicht arbeiten und an dieser Stelle des Buches habe man mich entlarvt, möchte ich genauer erklären, worum es mir geht, denn selbstverständlich verstehe ich unter Strafe keinesfalls körperliche Schmerzeinwirkung oder das Auslösen psychischer Traumata!

Wenn man aber Strafe richtig dosiert und im verhaltensbiologischen Kontext einsetzt, ist sie nichts weiter als eine Möglichkeit des Lernens. Und lernen muss ein Hund, weil er eben nicht nur über Instinkte und Triebe gesteuert wird. Zunächst scheint es aber wichtig, das Wort an sich genauer zu definieren. Spricht ein Mensch von Strafe, sind damit häufig Gefühle wie Wut, Rache, Vergeltung assoziiert – und das ist im Hinblick auf Hunde (Tiere im Allgemeinen) völlig falsch! Für ein Tier ist Strafe eine negative Konsequenz, die aus seiner Handlung erwächst. Das Tier hat also die Möglichkeit, diese negative Konsequenz zu durchschauen und in Zukunft zu vermeiden, weil sie sich zeitlich direkt aus der Handlung ergibt. Einem Menschen kann man erklären, warum die Strafe nicht im unmittelbaren (zeitlichen und/ oder sinnvollen) Zusammenhang mit der unerwünschten Tat steht – einem Tier nicht. Es ist also enorm wichtig, folgende Punkte zu beachten, wenn Strafe als Erziehungsmittel eingesetzt wird:

- Die Strafe muss genau in dem Moment erfolgen, in dem das unerwünschte Verhalten gezeigt wird.
- Sie muss angemessen sein, darf also nicht überzogen streng, einschüchternd, geschweige denn schmerzhaft sein.
- Der Hund muss die Chance haben zu verstehen, worum es überhaupt geht. Hierzu kann es zum Beispiel nötig sein, ihn zunächst zu verwarnen, denn woher soll er zum Beispiel wissen, dass es verboten ist, das Essen vom Tisch zu klauen, wenn ihm das noch niemand erklärt hat?! Außerdem muss situationsbezogen und mit perfektem Timing gearbeitet werden.
- Trotzdem kann es vorkommen, dass eine sog. Fehlverknüpfung entsteht, wenn die Strafe zu einem Zeitpunkt erfolgte, in dem mehrere Reize gleichzeitig vom Hund wahrgenommen wurden! Sieht der Hund zum Beispiel gerade zu einem Kind herüber, während er für irgendetwas

gestraft wird, kann es passieren, dass er die negative Einwirkung mit dem Kind verbindet. Er würde also die unerwünschte Verhaltensweise weiter zeigen, aber ängstlich oder aggressiv (je nach Mentalität) auf Kinder reagieren.

Insgesamt ist es übrigens sinnvoller, eher von Disziplinierung oder Konsequenz zu sprechen als von Strafe. Ein paar Beispiele sollen verdeutlichen wieso. Wenn ein Junghund einem erwachsenen gegenüber zu aufdringlich ist, wird der Althund diesen zunächst durch Zähneblecken und Knurren verwarnen. Reagiert der Jungspund darauf nicht, wird er diszipliniert, indem er zum Beispiel unsanft weggeschubst wird. Der junge Hund lernt dadurch sehr schnell, auf Drohgebärden des älteren aufdringliche Annäherungen zu unterbrechen.

Wenn ein Hund etwas Essbares vom Herd klauen will und dabei einen Topf umwirft, der mit lautem Geschepper zu Boden fällt, wird er flüchten. Die Konsequenz aus seinem Tun bestand nicht darin, die begehrte Nahrung zu erhalten, sondern aus dem Schreckreiz, weshalb der Hund nicht noch einmal versuchen wird, etwas vom Herd zu klauen. Es sei denn, es handelt sich um einen, den dieser Schreckreiz nur für kurze Zeit beeindruckt. Schon nach wenigen Augenblicken guckt er – zunächst vorsichtig – um die Ecke, sieht das Essen am Boden liegen, kann sonst keine Gefahr mehr ausmachen und wird Braten, Kartoffeln und Soße in sich reinschaufeln.

Und hier kommen wir zu einem ganz wichtigen Punkt beim Thema Strafen. Die Strafe muss angemessen sein – und zwar nicht nur der Tat, sondern auch der Mentalität des Hundes. Ein eher schüchterner Hund kann von einem herunterfallenden, scheppernden Topf regelrecht traumatisiert werden. Er wird eventuell die Küche für lange Zeit nicht mehr betreten, Angst vor scheppernden Geräuschen entwickeln usw. Ein eher gelassener Hund erholt sich schnell von dem Lärm und geht dann weiter seinen Interessen nach. Will man selbst einen Strafreiz setzen, muss dieser also sehr gut überlegt sein, man muss bestens mit dem Wesen des Hundes vertraut sein und ein perfektes Timing beherrschen – sonst geht der sprichwörtliche Schuss schnell nach hinten los!

Es gibt aber noch ein weiteres Problem: Wenn Hunde untereinander disziplinieren, wird ritualisiert körpersprachlich gedroht, auch mal gerempelt, die Bewegung eingegrenzt usw. – schmerzhafte Maßnahmen werden aber in der Regel nicht angewen-

det und vor allem werden Strafen nicht eingesetzt, um Handlungen abzubrechen, die dem anderen zuvor beigebracht wurden –, und genau das tun wir Menschen aber häufig. Sehr zur Verwirrung unserer Hunde. Dem Hund wird zum Beispiel erlaubt, auf dem Sofa zu liegen. Abends, wenn alle kuscheln und er sauber und niedlich vor uns steht, finden wir es nett, fordern ihn sogar dazu auf, mit auf die Polster zu kommen und es sich so richtig bequem zu machen. Der Hund lernt: Sofa, drauf liegen, gemütlich, super. An irgendeinem Tag kommt er saudreckig und hundemüde vom langen Herbstspaziergang nach Hause und springt mit genau dieser erlernten Assoziation Sofa, drauf liegen, gemütlich, super auf die Polster – und erntet Entrüstung, Schimpftiraden, Wut, evtl. sogar körperliche Einwirkung. Wie soll er das verstehen??? Eben. Gar nicht. Das heißt im Übrigen nicht, dass der Hund entweder immer, also auch nach dem Schlammbad im Gartenteich, oder nie auf's Sofa darf. Es heißt viel mehr, dass dem Hund beigebracht wird, dass er vor dem Sofa stehen bleibt und „fragt", ob er drauf darf. Will man dies gerade nicht, wird er freundlich aber bestimmt weggeschickt. Stimmt man der Frage des Hundes zu, kriegt er ein freundliches „o.k." als Antwort. Das lernt jeder Hund in wenigen Minuten.

Besondere Vorsicht ist geboten, wenn der Mensch das Wort „Strafe" benutzt, denn es ist häufig mit dem Wunsch verbunden, dem anderen etwas heimzuzahlen oder sich gegen ihn durchzusetzen. Gefühle von Wut, Rache und Rechthaberei kommen zum Tragen und die sind keine guten Berater für eine besonnene, faire und vertrauensvolle Erziehung, sondern führen im Gegenteil ganz schnell in eine Gewaltspirale, die den Hund zum Gegner statt zum Partner macht.

~~GEWALT-SPIRALE~~

FAZIT:

Strafe als Signal des Abbruchs einer gefährlichen oder nicht tolerierbaren Handlung ist aus verhaltensbiologischer Sicht ein völlig normales Mittel der Kommunikation und Ordnung in Gruppen sozialer Lebewesen. Sie muss aber immer als situationsbedingtes Mittel eingesetzt werden und man darf sie nicht mit Gefühlen der Wut, Rache oder Vergeltung gleichsetzen. Sie muss immer in einem für den Hund verständlichen zeitlichen wie sinnvollen Kontext stehen und darf niemals mit Gewalt, Schmerzeinwirkung und/ oder starker Einschüchterung eingesetzt werden. Völlig unsinnig ist das Bestrafen einer Handlung, die dem Hund – bewusst oder unbewusst! – beigebracht wurde. Und last not least sollte man immer an die Gefahr der gedanklichen Fehlverknüpfung denken, wenn die Strafe falsch eingesetzt wurde oder mehrere Reize gleichzeitig in Erscheinung getreten sind.

KONSEQUENZ

Ein Begriff, dem der ambitionierte Hundehalter ständig begegnet, ist „Konsequenz“. Ganz gleich, ob man ein Buch über positive Verstärkung oder Meidemotivation in der Hundeerziehung liest, egal, ob man ein Seminar zum Zwangsapport oder zur Nasenarbeit besucht, um die Konsequenz in der Hundeerziehung kommt man nicht herum. Das wird Ihnen jeder Trainer bestätigen, ganz gleich, welche Überzeugung er sonst bei der Ausbildung vertritt.

Einerseits ist das auch sicher richtig. Nur wenn man ein unerwünschtes Verhalten immer verbietet, wird der Hund es schließlich einstellen. Wird das Verhalten nur meistens verboten, selten aber auch erlaubt (hier ist sie dann, die mangelnde Konsequenz!), wird der Hund es umso öfter ausprobieren, um herauszufinden, wann es mal wieder klappt. Besonders wichtig ist Konsequenz, wenn es darum geht, Verhaltensweisen an- oder abzutrainieren, die für den Hund gefährlich werden könnten, wie zum Beispiel das unkontrollierte Herausspringen aus dem Auto. Nur wenn der Hund lernt, dass er absolut immer auf das Freigabesignal warten muss, ehe er aus dem Auto springen darf, wird er diese Regel zuverlässig befolgen.

MEIDE-MOTIVATION

Es gibt aber auch eine Verwendung des Begriffes Konsequenz, die weitaus strittiger ist. Gemeint ist hier die Warnung an den Hundehalter, immer konsequent zu sein, da der Hund sich sonst sofort seine Nische für den von ihm angestrebten Ungehorsam sucht und womöglich versucht, sich über seinen Halter zu stellen, was schnell gefährlich werden kann. Es wurde ja bereits im Kapitel über Rangordnung und Alphastatus beschrieben, warum es keine Rangordnung zwischen Mensch und Hund gibt und wir auch keine Alphas für unsere Hunde sind, trotzdem sei hier noch einmal eindrücklich erwähnt, dass kein Hund dieser Welt grundsätzlich jede Situation ausnutzt, in der sein Mensch „schwach" oder inkonsequent ist. Wäre das so, hätten wir ja zum Beispiel ganz erhebliche Probleme in Zeiten, in denen es uns körperlich und/ oder seelisch nicht gut geht. Unser Hund würde sofort die Gelegenheit ergreifen, die Führung an sich zu reißen. Doch was tut er stattdessen? Er tröstet uns, liegt tagelang vor unserem Bett, wenn wir krank sind, schleicht neben uns her, wenn wir traurig sind oder versucht uns mit Geschenken wie seinem Spielzeug oder einem ausgebuddelten Knochen aus dem Garten aufzuheitern. Das steht doch in krassem Widerspruch zu der Idee, dass er nur darauf wartet, unsere Schwäche auszunutzen. Wenn man also als Mensch immerzu damit beschäftigt ist, den Hund von seinem vermeintlichen Wunsch nach dem Diktat der Familie abzuhalten, interpretiert man den Begriff Konsequenz vollkommen falsch.

Ein Hund ist in der Regel sehr zufrieden damit, die Führung seinem Menschen zu überlassen (solange dieser sich als geeignet hierfür erweist) und möchte vor allem ein Leben in einem Umfeld führen, in dem er sich wohl, sicher und geborgen fühlt und als Persönlichkeit akzeptiert und respektiert wird.

Beim Training ist es natürlich sinnvoll, konsequent zu sein – es sei denn, der Hund hat mit seinem Einwand Recht! Damit ist Folgendes gemeint: Wie schon erwähnt ist es wichtig, dass verbotene Handlungen immer verboten sind. Ebenso ist es wichtig, dass auf die Einhaltung gegebener Kommandos bestanden wird. Allerdings nicht, wenn man nach dem Geben der Anweisung merkt, dass diese unsinnig war, zum Beispiel wenn man seinem Hund das Kommando „sitz" gegeben hat und erst an seinem Zögern bemerkt, dass er auf matschigem Untergrund steht und sich deshalb verständlicherweise nicht setzen will, oder wenn er ein Kommando nicht ausführt, weil er offensichtlich Schmerzen hat. In beiden Fällen wäre es absolut unsinnig, auf Konsequenz zu bestehen, sondern viel schlauer, dem Hund zu signalisieren, dass man seinen Einwand verstanden hat, denn das schafft Vertrauen. Der Hund lernt, dass man auf ihn achtet und von ihm keinen Kadavergehorsam einfordert, sondern ihn mit Achtsamkeit und Fairness führt. In erstem Fall würde man also einfach ein Stück weiter gehen und das „sitz"-Kommando an einer Stelle abrufen, an der es für den Hund in Ordnung ist, sich zu setzen; im zweiten Fall würde man einen Tierarzt aufsuchen, damit er professionelle Hilfe bekommt, wenn es ihm nicht gut geht.

Zusätzlich hat Konsequenz auch viel mit Geduld zu tun. Die Konsequenz manches Hundehalters scheitert an seiner Ungeduld, Abläufe nachhaltig einzuüben, auch wenn sie nicht gleich nach fünf Minuten funktionieren. Hier ist das Training der Leinenführigkeit ein gutes Beispiel. Fragt man einen entnervten Hundehalter, der von seinem Tier durch die Gegend gezerrt wird, ob er an dem Problem schon gearbeitet habe, bekommt man oft die Antwort: „Ja, aber nach zwei bis drei Tagen habe ich es aufgegeben, es wurde nur minimal besser und hat mich einfach genervt." Tja, und da fehlt die Konsequenz dann in erster Linie der eigenen Disziplin und Geduld gegenüber.

FAZIT:

Konsequenz hat nichts mit dem ständigen Unterdrücken des Hundes zu tun und man braucht auch absolut keine Angst davor zu haben, dass er nur darauf wartet, dass wir Schwäche zeigen, um dann eigene Interessen durchzusetzen und sich gegen uns aufzulehnen. Konsequenz ist dann gefragt, wenn es darum geht, Verhaltensweisen zuverlässig an- oder abzutrainieren – und wenn es darum geht, unsere eigene Disziplin und Ausdauer zu schulen.

Schon ein gerade geborener Welpe ist mit Instinkten ausgestattet, die sein Überleben sichern. Instinktiv sucht er zum Beispiel nach der Milchquelle und findet schließlich heraus, wie er aus der Zitze der Mutter Nahrung über das Saugen und den Milchtritt mit den winzigen Pfötchen bekommt. Im Laufe der Welpen- und Jugendentwicklung werden viele weitere Verhaltensweisen abgerufen und der junge Hund lernt zusätzlich über die Aufnahme, Weiterleitung und Verarbeitung von Reizen, mit denen er konfrontiert wird.

WELPEN

Eine wichtige Form des Lernens besteht darin, Probleme zu lösen. Bei frei lebenden Kaniden besteht eine der wichtigsten Problemlösungen in der Nahrungsbeschaffung, was angesichts der Tatsache, dass die (angestrebte) Nahrung ständig wegläuft, kein Wunder ist... Aber selbstverständlich gibt es auch noch andere Aufgabenstellungen wie die Revierverteidigung, das Aufziehen der Jungen usw., und um für all diese Herausforderungen gewappnet zu sein, muss der junge Hund lernen, viel lernen.

Dieses Lernen beginnt zunächst mit ganz grundlegenden, lebenswichtigen Funktionen wie Laufen lernen, Fressen lernen und verfeinert sich dann darin, soziale Fähigkeiten zu erwerben, Probleme zu lösen und sich an Umweltreize zu gewöhnen bzw. sich mit ihnen auseinander zu setzen. Hierbei ist es enorm wichtig, den Welpen/ Junghund in diesem Lernprozess nicht zu überfordern, indem man ihn so vielen Reizen aussetzt, dass er überflutet statt sozialisiert wird, was leider sehr häufig passiert, weil der Hundehalter in dem Wunsch, einen perfekten vierbeinigen Begleiter heranziehen und alles richtig machen zu wollen, den jungen Hund völlig überfrachtet. Das Ergebnis sind oft verängstigte, unsichere Hunde, die sich aufgrund der Konfrontation mit viel zu vielen Reizen gar nicht mit den einzelnen Eindrücken beschäftigen können,

Lernen beginnt zunächst mit ganz grundlegenden, lebenswichtigen Funktionen wie Laufen und Fressen lernen und verfeinert sich dann darin, soziale Fähigkeiten zu erwerben, Probleme zu lösen und sich an Umweltreize zu gewöhnen bzw. sich mit ihnen auseinander zu setzen.

um deren Bedeutung zu erlernen – weil sie, kaum dass sie sich mit einem Reiz beschäftigen, schon mit dem nächsten konfrontiert werden. Wenn zum Beispiel ein Welpe im Alter von ca. zehn Wochen durch Einkaufsstraßen gezerrt wird, um sich an alles zu gewöhnen, hat das nichts mit Sozialisierung zu tun, sondern eher mit Tierquälerei.

Man braucht sich auch nicht durch sog. Experten verrückt machen lassen, die Unheil beschwören, wenn der junge Hund nicht innerhalb des Zeitfensters der Sozialisierungsphase alles kennen gelernt hat, womit er jemals in seinem Leben konfrontiert sein wird. Ja, der Hund soll erkunden, ausprobieren, lernen dürfen – aber es ist schlicht unmöglich, ihm alles zu zeigen, was das Leben einmal für ihn bereit halten könnte. Kein Mensch käme auf die Idee, seine Kinder so zu erziehen, warum sollte diese Methode dann für Hundekinder richtig sein?! Wichtig ist lediglich, dass der Hund lernt zu lernen – hat er diese Fähigkeit erworben, wird er später ganz von allein Neues entsprechend verarbeiten können.

Ein weiteres Missverständnis in der Hundewelt rankt sich rund um den Begriff „Prägung". Immer wieder wird davon gesprochen, der Hund müsse auf Artgenossen, Menschen, seine Haltungsumwelt usw. geprägt werden und auch dies innerhalb eines gewissen Zeitfensters, weil es danach zu spät sei. Tatsache ist aber, dass eine Prägung bei Hundewelpen gar nicht stattfindet! In der Verhaltensbiologie ist der Begriff der Prägung ganz klar als ein Ereignis definiert, das innerhalb kürzester Zeit (wenige Sekunden bis Minuten) nicht oder nur sehr schwer wieder zu löschende Lernergebnisse hervorruft. Das bekannteste Beispiel hierfür ist Konrad Lorenz, dessen Gänseküken ihn als erstes Lebewesen nach dem Schlüpfen sahen und deshalb unwiderruflich für seine Mama hielten und ihm auf Schritt und Tritt folgten, was ihn bekanntlich vor einige Probleme stellte. Und solche Lernprozesse gibt es bei Hunden nicht!

ENT-SPANNUNG

Entspannung ist also angesagt. Selbstverständlich heißt das aber nicht, dass man sich überhaupt nicht um's Lernen seines jungen Hundes kümmern muss. Ein paar Dinge sollte man schon beachten, zum Beispiel, dass er spielerisch lernen darf, ohne Strenge und Angst und dass man zufällig gezeigtes, erwünschtes Verhalten lobt und belohnt, so dass es sich auf der Basis positiv hervorgerufener Gefühle nachhaltig verfestigt. Aber es ist absolut nicht notwendig, in betriebsame Hektik zu verfallen, die Hund und Halter nur stresst.

FAZIT:

Welpen lernen vom Beginn ihres Lebens an und man kann ihnen spielerisch auch schon vieles sehr früh vermitteln. Auch an verschiedene Umweltreize kann und sollte man Welpen heranführen, man darf das aber nicht übertreiben, weil man sonst keinen gut sozialisierten Hund erhält, sondern ein überfordertes Nervenbündel.

Wie wichtig ist für das Rudeltier Hund der Kontakt zu Artgenossen? Diese Frage, die zunächst ganz simpel mit „sehr wichtig!“ beantwortet werden könnte, ist komplexer, als man denkt. Zunächst müsste nämlich die Rückfrage gestellt werden: Zu welchen Artgenossen?! Einige Beispiele sollen erläutern, was damit gemeint ist.

KONTAKT ZU ARTGENOSSEN

Viele Hundehalter gehen mit ihrem Hund (oder ihren Hunden) täglich in sog. Freilaufgebiete, in denen viele Menschen mit vielen unterschiedlichen Hunden aufeinander treffen. Einige der Hunde kennen sich, andere haben sich noch nie gesehen. Manche sind winzig klein, andere riesengroß, einige sind sehr sozial eingestellt - andere weniger... Es sind läufige Hündinnen dabei, kraftstrotzende Jungspunde, die gern ihre Kräfte messen wollen, verhaltensauffällige Hunde, die entweder sehr ängstlich und/ oder übermäßig aggressiv, hyperaktiv oder auch ganz normal sind. Einige sind gut erzogen, andere gar nicht, manche sind auch „übertrainiert“ und laufen nur noch an Herrchens oder Frauchens Seite „bei Fuß“. Trotz dieser und vieler weiterer Unterschiede werden sie alle von ihren Menschen mit dem Wunsch ins Freilaufgebiet gebracht, Kontakt zu Artgenossen zu haben - auch wenn dieser Kontakt gar nichts Positives verspricht, weil der Winzling vor dem Riesen Angst hat, der Hyperaktive den ruhebedürftigen Senior nervt, der kraftstrotzende Jungspund den Ängstlichen über die Wiese jagt und der Aggressive Artgenossen angreift, worauf Herrchen oder Frauchen ruft: **„Das machen die schon unter sich aus.“ Chaos pur und man wundert sich, dass so wenig passiert - obwohl das, was passiert, sowieso schon reicht!**

Ich meide solche Zusammenkünfte strikt, denn ich bin überzeugt davon, dass sie unsere Hunde - zumindest wenn sie in dieser Form ablaufen - mehr stressen und ihnen Schaden zufügen, als dass sie ihnen gut tun. Trotzdem bin ich der Meinung, dass Hunde unbedingt Sozialkontakt zu Artgenossen haben sollten, aber eben nicht zu irgendwelchen und täglich neuen. Wenn wir uns das Verhalten anderer Kaniden wie zum Beispiel dem Wolf, dem Schakal oder dem Wildhund ansehen, fällt sofort auf, dass diese keinesfalls darauf aus sind, ständig „neue Leute“ kennen zu lernen. Die sozialen Kontakte beschränken sich weitgehend auf die eigene Familie, nur in Ausnahmefällen, wie der Absicht ein eigenes Rudel zu gründen, nähert sich zum Beispiel ein männlicher Wolf einem fremden weiblichen. Treffen Kaniden in freier Wildbahn auf fremde Artgenossen, wird dadurch zunächst Stress ausgelöst, denn sie treffen auf Nahrungs- und Fortpflanzungskonkurrenten. Wölfe, Schakale, Wildhunde gehen also nicht spazieren, um mal wieder jemand Neuen kennen zu lernen.

~~**STRESS**~~

Nun kann man natürlich argumentieren, dass unsere domestizierten Haushunde nicht mit wild lebenden Kaniden zu vergleichen sind und in mancherlei Hinsicht ist dies auch richtig. Unsere Hunde erlegen ihre Beute nicht selbst, sondern kriegen ihr Futter hingestellt, also müssen sie den Artgenossen nicht zwangsläufig als Nahrungskonkurrenten empfinden. Viele sind kastriert, andere sind es nicht, dürfen ihre Sexualität aber trotzdem nicht ausleben, somit empfinden sie den anderen auch nicht unbedingt als Fortpflanzungskonkurrent – obwohl das Verhalten so manches Hundes auf anderes schließen lässt! Aber eines bleibt unwiderruflich: Die Anstrengung, die damit verbunden ist, sich täglich auf neue Artgenossen einstellen zu müssen, die noch dazu nicht immer friedlich oder überhaupt an Kontakt interessiert sind. Dazu noch begleitet von Menschen, die den Hund regelrecht in den Kontakt zwingen, selbst wenn dieser schon mehrfach signalisiert hat, dass er diesen gar nicht wünscht. Der Stress, den Aggressiven ausweichen zu müssen, dem Ängstlichen seine eigene Ungefährlichkeit zu versichern, dem Aufdringlichen auszuweichen und sich vor dem Hyperaktiven in Sicherheit zu bringen, wenn dieser mit Karacho in einen hineinzuballern droht – das alles hat mit einem entspannten Spaziergang, auf dem man nette Bekannte trifft, nichts zu tun!

Viel besser wäre es also, Treffen mit einer überschaubaren Gruppe bekannter Hunde zu organisieren, die sich gut verstehen und in Wesen und Temperament zusammenpassen. Die Hunde kennen sich, können sich in ihren Vorlieben, Abneigungen und Reaktionen einschätzen und haben sich aufeinander eingestellt – fast wie in einer Familie. Oftmals entstehen aus solchen Gassi-Gemeinschaften auch Freundschaften unter den Menschen und/ oder die Möglichkeit, sich in der Hundehaltung gegenseitig zu unterstützen. Wenn einer mal länger arbeiten muss, kann ein anderer aus der Gruppe den Hund mitnehmen, damit dieser nicht stundenlang allein zu Hause ist und sich sonst was verkneifen muss. Aber so harmonisch das alles klingt, sollte man auch bedenken, dass die Organisation solcher Treffen eine hohe Verantwortung für die zweibeinigen Mitglieder der Gruppe mit sich bringt. Weil es nämlich für den Hund absolut nicht schön ist, wenn sich sein Herrchen oder Frauchen aus persönlich gekränkter Eitelkeit, mangelnder Kompromissbereitschaft, Rechthaberei, überzogenem Ego oder sonstigem Grund, der Menschen oft zu eigen ist, aus der Gruppe verabschiedet und dem Hund so die Möglichkeit nimmt, seine lieb gewonnenen Freunde zu treffen. **Es ist herzzerreißend, wenn er voller Freude seine Kumpels sieht und von seinem Menschen weggezerrt wird, weil man „mit denen“ (gemeint sind dann in der Regel die Zweibeiner am anderen Ende der Leine) nichts mehr zu tun haben will.** Gibt man seinem Hund also die Möglichkeit, soziale Beziehungen einzugehen, geht damit eine hohe Verantwortung einher, der man sich bewusst sein sollte.

Interessant finde ich hierbei noch den Gedanken, dass auch wir Menschen wieder mehr Verantwortung für unsere sozialen Beziehungen übernehmen könnten. Könnten wir hier vielleicht sogar von unseren Hunden lernen? Einen kurzen Streit nicht so ernst zu nehmen, den anderen in seiner Persönlichkeit anzunehmen, auch wenn er oder sie zuweilen etwas schrullig ist, mehr nach dem Motto „leben und leben lassen“ zu gehen, gemeinsam spazieren zu gehen...?! In jedem Fall lohnt es sich, darüber mal nachzudenken.

Zu guter Letzt möchte ich noch auf die Hunde hinweisen, die, aus welchen Gründen auch immer, einfach keine Lust haben, andere Hunde zu treffen. Dies sollte man respektieren. Allerdings sollte man auch versuchen herauszubekommen, warum das so ist. Hat der Hund vielleicht Schmerzen und bleibt deshalb lieber für sich, weil es ihm nicht gut geht? Oder hat er so viele schlechte Erfahrungen mit Artgenossen gemacht, dass er lieber allein seiner Wege geht, als nochmals gemobbt oder angegriffen zu werden? In diesen Fällen wäre es dann nämlich so, dass er einen guten Tierarzt braucht bzw. sich über einen netten, ruhigen, freundlichen Kontakt durchaus freuen würde. Man sollte also nicht allzu leichtfertig davon ausgehen, dass das Rudeltier Hund gern und „einfach so“ zum Einzelgänger wird.

FAZIT:

(Die meisten) Hunde brauchen den Kontakt zu ihresgleichen, um sich wohl zu fühlen. Kein Mensch kann so mit einem Hund spielen, kuscheln, Pflegeverhalten zeigen, wie es ein Artgenosse tun kann. Allerdings möchte nicht jeder Hund ständig viele neue Hundekumpels kennen lernen, weil das mehr stresst als Freude macht. Zusätzlich sollte man darauf achten, mit wem man den eigenen Hund zusammenbringt. Hat man einen ausgesprochenen Einzelgänger vor sich, sollte man immer versuchen herauszubekommen, welche Erfahrungen diesen Hund zu der Annahme gebracht haben, dass es sich alleine besser lebt.

Es ist eine gute Idee, Treffen mit einer überschaubaren Gruppe bekannter Hunde zu organisieren, die sich gut verstehen und in Wesen und Temperament zusammenpassen.

DIE FREIHEITEN DES HUNDES

Zunächst stellt sich die Frage, was Freiheit eigentlich ist. Gibt es sie überhaupt? Versteht man darunter, sich völlig frei bewegen und das machen zu können, was man möchte, völlig losgelöst von jeglichen Zwängen? Aber gibt es nicht immer irgendetwas, irgendwen oder irgendwelche Umstände, die die Freiheit eines jeden Lebewesens einschränken? Ich glaube, die totale Freiheit gibt es nicht. Alle Menschen und Tiere unterliegen Zwängen, seien es Regeln im sozialen Verband, Beeinträchtigungen der Freiheit aus Gründen der Sicherheit oder Nahrungssuche usw. Es gibt also immer Einschränkungen, dem Zusammenleben mit anderen Lebewesen geschuldet oder aus Gründen der Sicherheit bzw. des Überlebens.

~~DOMINANZ-PROBLEM~~

Andererseits sollte jedes Lebewesen das Bedürfnis, so viel Freiheit wie möglich zu genießen, auch ausleben dürfen. Nicht nur der Mensch, auch ein Hund möchte eigene Entscheidungen treffen. Wenn ihm praktisch jede Handlung erlaubt oder verboten wird, entspricht das natürlich nicht den Grundbedürfnissen eines hoch entwickelten, problemlösungsorientierten Säugetieres. Selbstverständlich müssen wir (oft genug!) die Freiheit unseres vierbeinigen Hausgenossen einschränken, damit er zum Beispiel nicht im Straßenverkehr umkommt, von einem Jäger erschossen wird oder sonst zu Schaden kommt. Aber die Beschneidung seiner Freiheit muss Grenzen haben – und die dürfen nicht zu eng gesetzt sein, sonst kann sich seine Persönlichkeit nicht entfalten, er kann nicht genug Erfahrungen sammeln, um Selbstsicherheit zu entwickeln und es fehlt ihm einfach an Lebensqualität, was jedem einleuchtet, der sich selbst fragt, wie weit er in seinen Grundrechten auf persönliche Entscheidungsfreiheit eingeschränkt werden möchte.

Und hier genau liegt der Punkt: Es ist sicher unstrittig, dass man einem Hund nicht alles erlauben kann, was er gerade tun möchte. Strittig hingegen ist in der Hundeszene, wie weit die Verbote bzw. Einschränkungen gehen sollen. **So gibt es zum Beispiel Kollegen, die Hundehaltern einreden, ihr Tier dürfe überhaupt keine eigenen Entscheidungen treffen, weil dies nur dazu führe, dass es dominant werde und einen Machtanspruch gegen seine Menschen entwickle.** So wird dem Hund nicht erlaubt, seinen Liegeplatz unaufgefordert zu verlassen, er darf nur auf ausdrückliche Zustimmung hin fressen und trinken (!), sogar nur auf ein einstudiertes Codewort hin urinieren und koten, wobei das Wort Codewort hier einen beinahe schon satirischen Beigeschmack erhält. Viele weitere Regeln lassen sein Leben zum Gefängnis werden. Er darf beim Spaziergang nur hinter seinem Halter laufen, wenn überhaupt, dann nur auf Kommando Kontakt zu Artgenossen aufnehmen usw. usw. Dass die Annahme, der Hund wolle zu Hause die Führung übernehmen, unsinnig ist, wurde schon weiter vorn im Buch erörtert. An dieser Stelle möchte ich mich näher mit der Psyche und Ideologie der Trainer beschäftigen, die diesen ewig gestrigen Unsinn propagieren. Was geht in ihnen vor? Das beschäftigt mich tatsächlich schon geraume Zeit und in mühsam geführten Gesprächen bin ich auf mehrere Intentionen gekommen: Da gibt es zunächst die Kollegen, die diese veralteten Dominanzregeln in ihrer Ausbildung beigebracht bekommen haben und denen schlichtweg der geistige Horizont fehlt, über diesen Tellerrand hinaus zu schauen und eigene Schlüsse zu ziehen. Sie beten einfach nach, was ihnen beigebracht wurde und zweifeln keinesfalls an den Worten ihres Ausbilders. Häufig sind in dieser Gruppe Leute zu finden, die ihrem Ausbilder einen regelrechten „Guru-Status" verleihen, der unantastbar ist – egal, mit welchen logischen Argumenten man versucht, sie zu überzeugen. Wäre es nicht fatal für die Hunde, wäre es beinahe schon als rührend zu bezeichnen, wie fest sie an ihr Idol glauben.

Dann gibt es die Trainer, deren Dominanzproblem gegenüber Hunden mit ihrer Angst vor ihnen zu tun hat. **Durch unangebrachte Härte und schon ins Absurde abdriftende Hausregeln versuchen sie, das zu beherrschen, was sie fürchten, wenn es nicht 100% unter Kontrolle ist, und gewaltfrei zu arbeiten heißt für sie lediglich, den Hund nicht zu verprügeln oder beim Leinenruck mit dem Stachelhalsband zu traktieren.** Von dieser Gruppe kriegt der normale Hundehalter in der Regel auch ein Horrorszenario darüber ausgemalt, was alles passieren wird, wenn er seinen Hund nicht ausreichend kontrolliert. Dann wird er nämlich aggressiv und dabei selbstverständlich vorzugsweise Frauen und Kinder angreifen. Er wird im Straßenverkehr ums Leben kommen, weil er nur noch eigene Entscheidungen trifft und überhaupt nicht mehr gehorcht. Er wird... zum Monster mutieren und letztendlich im Tierheim landen, weil niemand mehr mit ihm klarkommt. Außer dem Trainer/ der Trainerin natürlich, der/ die aber schon so viel eigene Hunde hat, dass er/ sie dann auch nicht mehr helfen kann. Mit diesem kleinen Nachsatz wird nicht nur versucht, die Brutalmethoden zu rechtfertigen, die im Training empfohlen werden, sondern auch gleich noch die eigene Kompetenz zu untermauern. Für jeden halbwegs humanpsychologisch geschulten Menschen untermauert er allerdings eher den Eindruck eines schlecht ausgebildeten Profilneurotikers, der (fachlich und auch sonst) nicht allzu viel auf dem Kasten hat.

Interessanter, weil vielschichtiger, sind da schon die, die ebenfalls zu dieser Gruppe gehören, aber viel intelligenter sind, denn sie verpacken ihre veralteten Ideologien und Machtgelüste in geschickte Worte! Der Hund wird nicht kontrolliert, sondern angeleitet. Er bekommt keinen Leinenruck, nein, niemals, sondern nur einen Impuls. Das klingt doch viel netter, auch wenn dieser Impuls einem ausgewachsenen Rottweiler den Kopf so zur Seite reißt, dass dieser nur noch schluckt. Hunde sollen auch nicht dominiert oder unterdrückt werden, sondern sie sollen ihren Platz in der Familie finden – und der ist eben ganz unten. Man will sie vor Gefahren beschützen –weshalb sie einfach gar nichts mehr dürfen. Und man will sie davor bewahren, schwierig zu werden – weshalb die ewig gestrigen Dominanztheorien dann doch wieder Sinn machen sollen. In der Regel sind diese TrainerInnen auch sehr gut darin, den Menschen in den Mittelpunkt ihrer Tätigkeit zu setzen, was ein intelligenter Schachzug ist, von dem man sich wünschen würde, dass ihn so manch ambitionierter, gewaltfrei arbeitender Trainer besser beherrschen würde, denn mit Speck fängt man bekanntlich Mäuse und ein Hundehalter, der sich von seinem Trainer angenommen und verstanden fühlt, wird dessen Ratschläge natürlich besser umsetzen. Dass dieses Annehmen und Verstehen oft nur vorgegaukelt ist und der Trainer entnervt die Augen verdreht und über den Kunden ablästert, sobald ihm dieser den Rücken zudreht, ist wieder eine andere Sache...

~~„LEINEN-IMPULS“~~

Zu guter Letzt gibt es dann noch die Trainer, die ihr überzogenes Ego und ihre eigenen Gewalt- und Machtphantasien an Hunden austoben, weil die sich erstaunlich viel gefallen lassen und weil Gewalt ihnen gegenüber gesellschaftlich noch immer akzeptierter ist als gegenüber Kindern oder anderen Schutzbefohlenen. Ihnen scheint jegliches Mitgefühl für das ihnen anvertraute Lebewesen zu fehlen, ihre mangelnde Fähigkeit zur Empathie ist geradezu erschreckend.

Man nehme mir die offenen Worte über meinen eigenen Berufsstand nicht übel, aber solange Hunde die Hölle auf Erden erleben, weil sich Menschen aus unterschiedlichsten Gründen an ihnen vergreifen, muss es zumindest erlaubt sein, dies offen anzusprechen. Auch, wenn es den ein oder anderen peinlich berührt.

Es soll auch nicht unerwähnt bleiben, dass es gut ausgebildete, hoch qualifizierte, anständig arbeitende Kollegen gibt, die ihr Bestes tun, um Hunde und ihre Menschen zum gemeinsamen Trainingserfolg zu bringen. Nur leider muss ich aus der Erfahrung der vergangenen Jahre sagen, dass sie definitiv in der Minderheit sind.

FAZIT:

Ein Hund wird mit Sicherheit nicht gefährlich und zur Macht besessenen Bestie, weil er selbst entscheiden darf, wann er trinkt, im Haus herum läuft oder sich löst, und sein Führungsanspruch wird auch nicht dadurch geweckt, dass er auf einem Spaziergang vor seinem Menschen läuft. Jedes Lebewesen braucht einen gewissen Freiraum für eigene Entscheidungen, um sich wohl fühlen und seinen Anlagen entsprechend entwickeln zu können. Eingrenzungen sind manchmal notwendig, sie sollten aber immer maß- und sinnvoll sein und für den Hund nachvollziehbar.

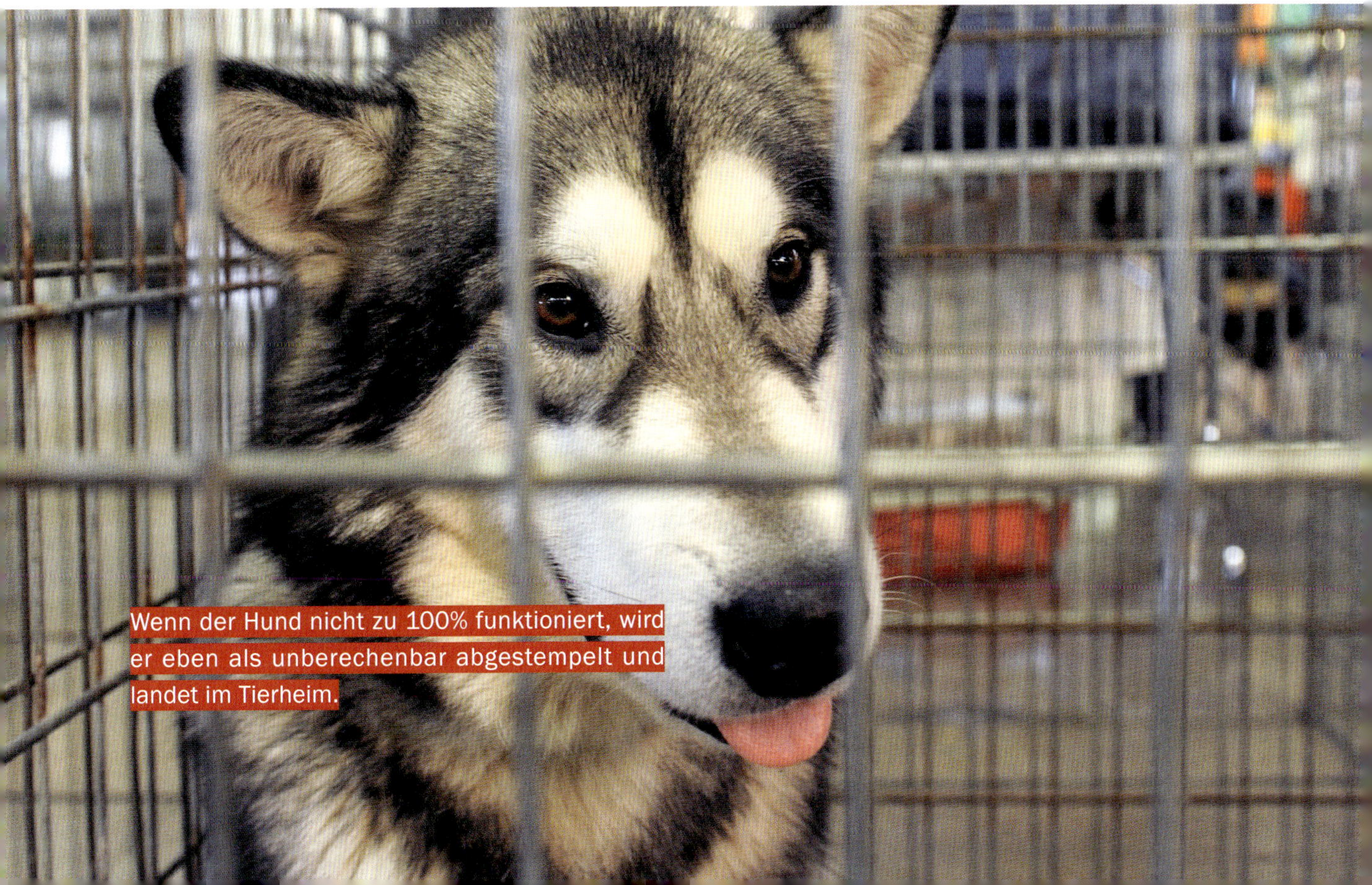

Wenn der Hund nicht zu 100% funktioniert, wird er eben als unberechenbar abgestempelt und landet im Tierheim.

FREILAUF

Die meisten Menschen gehen davon aus, dass sich ein nicht angeleinter Hund automatisch im Freilauf befindet, obwohl das gar nicht zwangsläufig stimmt, denn mancher Hundehalter verwendet zum Beispiel sehr viel Zeit und Energie darauf, seinem vierbeinigen Begleiter das ständige „bei Fuß"-Laufen beizubringen und präsentiert so mit einem nicht angeleinten Hund eine Mogelpackung, wenn es um die Frage des Freilaufs geht, denn letztendlich ist dieser Hund zwar nicht angeleint, aber dennoch längst nicht frei im Lauf.

Oftmals wird dieses „bei Fuß"-Gehen, das eine hohe Konzentration vom Hund fordert, da er ja darauf achten muss, Tempo und Richtung seines Halters genau einzuhalten, mit rüden Erziehungsmethoden wie Leinenruck, einschüchternder Stimme oder Verunsicherung auf Distanz eingeübt. Diese Methoden sind immer unschön, aber in diesem Fall ganz besonders schlimm, weil von dem Hund erwartet wird, die Individualdistanz zu demjenigen zu unterschreiten, von dem diese Schmerzeinwirkung und Einschüchterung ausgehen und das ist im Sinne seines Sozial- und Ausdrucksverhaltens geradezu absurd. Ein Hund würde immer Abstand zu jemandem halten, der ihn angreift oder bedroht, wenn er zu nahe kommt, es sei denn, er sucht den Konflikt, um etwas Grundsätzliches wie Rovier- oder Futterverteidigung zu klären. **Hinzu kommt, dass sicher niemand Lust hat, ganz nahe bei jemandem zu sein, der bedrohlich wirkt und einem Schmerzen zufügt.**

~~„BEI FUSS"-GEHEN~~

Die ganze Angelegenheit kann man also betrachten, wie man will – sie macht keinen Sinn. Was nicht bedeutet, dass man einen Hund nicht mal kurz dicht neben sich laufen lassen kann! Selbstverständlich ist das möglich und in manchen Situationen, für kurze Zeit, auch sinnvoll, zum Beispiel wenn man eine stark befahrene Straße überquert und den Hund dadurch schützt, dass er nahe bei einem läuft; oder wenn entgegenkommende Passanten sich angstvoll bis hysterisch zeigen, sobald sie den Hund erblicken und man ihn schon ihm selbst zuliebe zu sich holt, um ihn vor evtl. Übergriffen zu schützen. Abgesehen davon signalisiert man dem Gegenüber dadurch, dass man den Hund unter Kontrolle hat.

Aber kommen wir zurück zum Freilauf. Manche Hundehalter behaupten, der sei für einen Hund gar nicht so wichtig und deshalb lassen sie ihn praktisch nie von der Leine. Wenn diese Einstellung mit einer kurzen Leine einhergeht, an der der Hund sich kaum bewegen kann, und auch noch mit dem Wunsch, er solle immer an der gleichen Körperseite (meist links...) laufen und nicht dauernd stehen bleiben und schnüffeln, kann man das Leben dieses Hundes durchaus als Hölle bezeichnen, denn für ihn ist das Herumschnüffeln, Erkunden und sich frei bewegen können existentiell wichtig. Er wird durch diese Ansprüche derart manipuliert und in seinem natürlichen Verhalten eingeschränkt, dass die Grenzen der Tierschutzrelevanz und gewaltfreien Hundeerziehung eindeutig überschritten sind, denn zumindest seiner Seele wird Gewalt angetan, selbst wenn ohne Leinenruck oder andere körperliche Gewalteinwirkung gearbeitet wird.

Um zu verstehen, wie weit in die Persönlichkeit eines Hundes eingegriffen wird, wenn er so gehalten wird, muss man sich seinen Tagesablauf ansehen, der viel über das Verhalten verrät. Ich habe die Tagesabläufe unterschiedlicher Kaniden studiert und bin zu dem Ergebnis gekommen, dass sie trotz Domestikation und variierender Lebensbedingungen viel ähnlicher sind, als man vielleicht vermuten möchte. Der Tagesablauf all dieser Hundeartigen, der „wilden“ (Wölfe), der domestizierten (Ranchhunde unterschiedlicher moderner Rassen und Straßenhunde) sowie der domestizierten Hunde, die durch Verwilderung wieder auf dem evolutionären Weg zurück zum „Wildtier“ sind (Dingos), weist erstaunliche Parallelen auf, solange der Mensch nicht eingreift. Aber das war bei allen Beobachteten nicht der Fall, sie alle konnten ihr Leben vollkommen frei gestalten und hatten auch keine wirklichen Aufgaben – außer vielleicht dem Wachen, das sie als Kaniden aber sowieso tun.

Wölfe gestalten ihren Tag so, dass sie ihr Territorium bewachen und schützen, weil es ihre Existenzgrundlage ist – hier kennen sie sich aus, hier können sie die Gefahren einschätzen und sie wissen, wie und wo die Möglichkeit besteht, sich Nahrung zu beschaffen. Damit sind wir schon beim zweiten wichtigen Teil der Tagesbeschäftigung, der Nahrungsbeschaffung, der ein großer Teil des Lebens gewidmet wird. Dann kommt noch die soziale Interaktion hinzu, die je nach Ernährungszustand und vertretbarem Energieverbrauch unterschiedlich intensiv ausfällt und bei entsprechend vorhandener Energie mit Spiel einhergehen kann. Fortpflanzung und Brutpflege, das intensive Kümmern um die Aufzucht des Nachwuchses gehören auch zum Leben eines Wolfes, allerdings nur temporär und nicht das ganze Jahr hindurch und nur durch auslösende Impulse, die nicht das ganze Jahr über vorhanden sind. Beschäftigen wir uns also mit den alltäglichen Handlungen, die ein Wolfsleben ausmachen:

Ranchhunde verbringen – wie auch Wölfe, Straßenhunde und Dingos – die weitaus längste Zeit des Tages mit Ruhen.

- Territoriumssicherung und Markierung (durch Streifgänge etc.)
- Nahrungssuche und -beschaffung (durch die Jagd)
- Soziale Interaktion (mit Artgenossen)
- Und als Hauptbeschäftigung, die weitaus längste Zeit des Tages: Ruhen.

Kommen wir zum Tag eines **Ranchhundes**. Die Ranchhunde gehörten übrigens allesamt modernen Rassen wie Retriever, Border Collie oder zum Beispiel Kleiner Münsterländer an. Die Hunde wurden nicht oder zumindest nur sehr selten von ihren Haltern angeleitet oder reglementiert, sondern lebten weitgehend „natürlich". Diese Ranchhunde verbrachten ihren Tag folgendermaßen:

- Territoriumssicherung (durch Streifgänge etc.) und Markierung
- Nahrungssuche und -beschaffung (meist durch Abstauben beim Menschen)
- Soziale Interaktion (mit Artgenossen und Menschen). Das Spiel nahm hier allerdings meist einen größeren Raum ein als beim Wolf, weil einfach mehr Energie aufgrund der durch den Menschen gewährleisteten Fütterung zur Verfügung stand.
- Aber trotzdem war auch hier die Hauptbeschäftigung zeitlich über den Tag gesehen: Ruhen.

Kommen wir zum Tag eines **Straßenhundes** in Afrika, der zwar mehr oder weniger beim Menschen lebt, aber nur indirekt von diesem beeinflusst wird. Der Tagesablauf sieht folgendermaßen aus:

- Territoriumssicherung
- Nahrungssuche und -beschaffung
- Soziale Interaktion (mit Mensch und Hund, mit Menschen allerdings weniger als bei den Ranchhunden) mit so viel Spiel, wie es der jeweilige Energiehaushalt erlaubte.
- Und sehr viel Herumliegen und Ruhen.

Und dann waren da noch die **Dingos**. Raten Sie mal, wie deren Tag aussah:

- Territoriumssicherung
- Nahrungssuche und -beschaffung
- Soziale Interaktion mit Artgenossen und Spiel je nach Energiehaushalt
- Und, na klar – Herumliegen und Ruhen...

Es fällt auf, dass alle viel Energie bei der Territoriumssicherung und Nahrungssuche verbrauchen, aber dabei nicht mit Kämpfen oder der Jagd an sich, sondern vielmehr bei der Spurensuche zum Auffinden von Feinden und Beutetieren bzw. anderer Nahrungsquellen...

Diesen Tagesablauf, wie er bei Wildhunden und relativ unabhängigen Haushunden stattfindet und wie er über Jahrtausende stattfand (übrigens auch bei den erwähnten „Teilzeitstreunern" meiner Jugend und Heimat), kann man auch heute noch mit fast jedem **Haushund** simulieren und ihm so die Möglichkeit geben, artspezifische Verhaltensweisen auszuleben. Jeder, der Hunde als Persönlichkeit ernst nimmt und sich der Verantwortung bewusst ist, die er mit ihrer Haltung eingeht, kann mit relativ geringem Aufwand dazu beitragen, ihnen ein echtes Stück Lebensqualität zu sichern. Schauen wir uns die einzelnen Punkte genauer an:

Territoriumssicherung

Man kann den Hund etwas bewachen lassen, die Wohnung, den Garten, das Auto etc. Wichtig ist dabei natürlich, dass er sich nicht in dieses Verhalten hineinsteigert, sondern sich abrufen lässt, wenn man ihm mitteilen möchte, dass man jetzt übernimmt. Mit anderen Worten erhält der Hund die Möglichkeit, uns beim Sichern des Territoriums zu helfen, tritt aber in den Hintergrund, wenn wir ihm ein antrainiertes Signal hierzu geben. Er erhält damit eine Aufgabe, die ihn ausfüllt und ihm zeigt, wie wichtig er für die soziale Gemeinschaft ist.

Weiter gehört zur Territoriumssicherung natürlich der Streifgang, das Erschnüffeln fremder Duftmarken im Revier und das Übermarkieren bzw. eigene Markieren, das dem Hund erlaubt sein sollte. Bitte wundern Sie sich nicht, dass ich dies hier extra erwähne, aber wie ich schon an vorheriger Stelle dieses Buches erwähnte, gibt es ja tatsächlich Trainer, die dem Hund das Markieren untersagen bzw. nur gestatten, wenn es mit Codewort ausdrücklich erlaubt wurde. Es ist anzunehmen, dass sie von Hunden nicht viel verstehen, sonst könnten sie solche Methoden gar nicht mit ihrer Überzeugung in Einklang bringen.

NATÜRLICHES REVIERVERHALTEN

Nahrungssuche und -beschaffung

Die Nahrungssuche ist ein Bestandteil der Streifgänge, also ist es sinnvoll, Spaziergang und Nahrungsaufnahme zumindest teilweise miteinander zu verbinden. Man kann zum Beispiel eine Fährte legen, an deren Ende etwas Futter zu finden ist, oder man kann Suchspiele einbauen, die zu Leckerchen führen. Eine weitere Möglichkeit besteht darin, die Nahrungsaufnahme spannender zu gestalten und den Hund für sein Futter „arbeiten" zu lassen, indem man es zum Beispiel in einen KONG stopft, aus dem er es herausarbeiten muss. Trotzdem sollte der Hund einen bestimmten Anteil seiner Nahrung zu halbwegs festgelegten Zeiten in seinem Napf vorfinden. Ansonsten erhält man nämlich einen Hund, der sich in ständiger Erwartungsunsicherheit befindet, wann er endlich wieder die Möglichkeit zur Nahrungsbeschaffung erhält und dadurch eher nervös und hibbelig wird, insbesondere wenn die einzelnen Portionen immer nur „den ganz kleinen Hunger" stillen.

Soziale Interaktion mit Artgenossen

Wie schon erwähnt, sollte dieser wichtige Aspekt des Lebens jedem Hund ermöglicht werden, allerdings muss man hier auf die jeweiligen individuellen Vorlieben und auf die körperliche Konstitution und Kondition Rücksicht nehmen. Nicht jeder Hund mag ständigen Kontakt zu (fremden) Artgenossen und nicht jeder Hund ist fit genug für ausgelassene Spiele, sondern bevorzugt evtl. ein freundliches nebeneinanderher Laufen.

Ja, und eine der wichtigsten Beschäftigungen eines ausgelasteten Hundes ist natürlich auch das **Herumliegen und Ruhen**. Beides braucht er ebenso nötig wie Beschäftigung. Natürlich in dem individuell notwendigen Maß.

Zu den Streifgängen und den Revieren muss ich unbedingt noch einen wichtigen Punkt festhalten: Lange Streifgänge durch das Revier sind eine der wichtigsten Beschäftigungen eines jeden Hundeartigen, ob wild lebend oder domestiziert. Ein natürliches Revier ist sehr groß, bietet viel Abwechslung und hat sehr viele Wege. Deshalb

laufen muss und/ oder nicht stehen bleiben und nach Herzenslust schnüffeln darf. Selbstverständlich ist der Idealfall ein Hund, der so gut abrufbar ist, dass man ihn an vielen Orten frei laufen lassen kann. Hat man dieses Ziel aber (noch) nicht erreicht, kann man ihn auf eingezaunten Flächen wie Firmengeländen oder Sportplätzen frei herumtoben lassen und ihm ansonsten trotzdem ein interessantes und abwechslungsreiches Leben bieten, wenn man sich mit seinen artspezifischen Verhaltensweisen auskennt und diese so gut wie möglich ausleben lässt. Hierzu braucht es manchmal nur etwas Phantasie und Kreativität. Belohnt wird dieser Einsatz mit einem glücklichen Hund und einer starken Bindung zwischen ihm und seinem Halter, denn der Hund genießt die gemeinsamen Spaziergänge, statt sie als Gängelung an der Leine zu empfinden.

FAZIT:

Eine dem Hund entsprechende Beschäftigung und Auslastung ist nicht zwangsläufig an Freilauf gebunden, obgleich dieser wünschenswert ist. Mit Fachwissen, Einfühlungsvermögen und Kreativität kann man einem Hund artspezifische Verhaltensweisen ermöglichen und wichtige Aufgaben in der sozialen Gemeinschaft übernehmen lassen. Dies sind beides wesentliche Faktoren für eine hohe Lebensqualität und stärken darüber hinaus das Vertrauen und die Bindung zwischen Hund und Halter.

sollte man die Streifgänge/ Spaziergänge variieren und nicht immer die gleichen Wege gehen. Die Strecken sollten sich im Idealfall in einem gewissen zeitlichen Abstand wiederholen, aber immer wieder gewechselt werden – damit kommt man dem natürlichen Revierverhalten eines Hundeartigen sehr nahe und bietet eine artgerechte Beschäftigung.

Dies ist übrigens bei Hunden, die über einen so starken Jagdtrieb verfügen, dass man ihn auch mit gutem Training nicht in den Griff bekommt, auch an der Schleppleine möglich. Denn wie schon erwähnt, wie viel Freilauf ein Hund bekommt, ist nicht nur eine Frage dessen, ob er an der Leine ist oder nicht. Ein Hund an einer langen Leine hat viel mehr Freiheit als einer, der ohne Leine „bei Fuß“

HILFSMITTEL IN DER HUNDEERZIEHUNG

Genauso unübersichtlich wie die Vielzahl der Trainingsmethoden an sich ist auch die Auswahl an diversen Hilfsmitteln und Ausrüstungsgegenständen rund um den Hund geworden. Ich möchte hier nicht auf Spielzeug oder andere Hilfsmittel der Beschäftigung eingehen, denn in diesem Buch geht es ja in erster Linie um die Erziehung bzw. Ausbildung eines Hundes. Aber schon allein in dieser Abteilung wird unglaublich viel angeboten, was sich lohnt, genauer unter die Lupe zu nehmen, bevor es gekauft wird.

VERHARMLOSUNG

In der Regel wird versucht, Stachelhalsband, Kettenwürger, Reizstromgerät, Erziehungsgeschirre, Gentle Leader, Anti-Bell-Halsband, Klapperbüchse, Leg Leader und Co. mit einer Mischung aus Verharmlosung („So schlimm ist das gar nicht!“ zum Beispiel beim Reizstromgerät) und unsinnigen Versprechen („Nie wieder ziehen, sobald Sie den Gentle Leader angelegt haben!“) anzupreisen. Lässt man sich aber von dieser Augenwischerei nicht hinter's Licht führen, wird eines ganz schnell klar: Der weitaus größte Teil an Ausrüstungsgegenständen in der Hundeerziehung zielt darauf ab, dem Hund Schmerzen zuzufügen oder ihn einzuschüchtern, wenn er nicht so funktioniert, wie Herrchen, Frauchen oder der Trainer sich das vorstellen.

In diesem Buch wurde bereits mehrfach darauf hingewiesen, welche Reaktionen Angst, Stress und Einschüchterung nach sich ziehen, und so wundert es auch nicht, dass übermäßig aggressive Hunde oftmals mit diesen Hilfsmitteln ausgebildet worden sind. Und häufig wird zu einem Rasseproblem gemacht, was gar keines ist. So wird zum Beispiel immer wieder behauptet, der Deutsche Schäferhund, Dobermann, Rottweiler, Malinois, Riesenschnauzer usw. sei übermäßig aggressiv und dementsprechend schlecht ist das Image dieser Hunde in unserer Gesellschaft. Aber wie kommt es, dass es auch ausgeglichene, freundliche, gut sozialisierte Vertreter dieser Rassen gibt, wenn es angeblich eine Frage der Rassezugehörigkeit ist, wie diese Hunde drauf sind?! Für mich stellt sich das Problem ganz anders dar: Die genannten Rassen gehören zu den sog. „Gebrauchshunden“ – ein schreckliches Wort, ich weiß, aber auch ein sehr entlarvendes! – und werden bevorzugt von Menschen angeschafft, die einem ganz bestimmten Klientel angehören. Man findet sie auf dem Hundeplatz beim zackigen „bei Fuß“- Gehen auf linker Seite wieder, ihre Hunde tragen Stachel- oder Würgehalsband, werden mit Leinenruck, Strenge und Strafen ausgebildet – und da haben wir den Zusammenhang. Die Hunde, die durch übermäßige Aggressivität auffallen, haben in der Regel diese Art der Ausbildung hinter sich. Und Hunde der gleichen Rassen, die freundlich, stressfrei und über positive Verstärkung trainiert wurden, zeigen sich ausgeglichen, freundlich und viel stressresistenter. Dieser Zusammenhang ist auch hervorragend in einer Studie der University of Pennsylvania (2009, February 18th) nachgewiesen worden, die unter dem Titel „If You're Aggressive, Your Dog Will Be Too“ erschienen ist.

Das Problem aller Hilfsmittel, die über Schmerzeinwirkung arbeiten, ist also das der „unerwünschten Nebenwirkungen“ neben der Frage, ob wir das Recht haben, ein uns anvertrautes Lebewesen so zu behandeln. Ebenso ist es mit dem Arbeiten über Schreckreize wie zum Beispiel mit der Rütteldose, der Wurfkette, dem Sprühhalsband usw. Der Hund kann nämlich in der Regel nicht zuordnen, woher und in welchem Zusammenhang der Strafreiz kommt, hat also das Gefühl, dass er „aus heiterem Himmel“ auf ihn einprasselt. Hieraus entsteht eine Erwartungsunsicherheit, die sich bis zur erlernten Hilflosigkeit entwickeln kann.

Es ist also durchaus nicht so, dass Reize, die keinen Schmerz auslösen, harmloser sind als solche, die dies tun. Zusätzlich kann es zu den bereits erwähnten Fehlverknüpfungen kommen, was für mich schon ein wesentlicher Grund ist, dieses Equipment nicht zur Anwendung zu bringen.

FEHLVERKNÜPFUNG

Was allerdings nicht heißen soll, dass man keinesfalls mit einem Abbruchsignal arbeiten darf. Aber wenn man zum Beispiel laut in die Hände klatscht oder mit dem Fuß auf den Boden tritt, dann hat dies den Vorteil, dass der Hund diese Einwirkung direkt mit der Person verbinden kann, die dieses Signal setzt und nicht in Erwartungsunsicherheit verfällt, weil er es nicht zuordnen kann. **Selbstverständlich sollten solche Abbruchsignale selten und situationsbezogen eingesetzt werden und nicht zur dauerhaften Anwendung kommen. Und Schmerz auslösende Signale sollten definitiv tabu sein!**

Selbstverständlich gibt es aber auch Hilfsmittel, deren Einsatz durchaus sinnvoll ist und die man – bei richtiger Anwendung – empfehlen kann. Leider sind es aber nicht viele... Fangen wir zunächst mit den Leinen an. Gegen eine ausreichend lange Leine (zwei bis drei Meter lang), die den Hund in Gefahrensituationen sichert und eine Schleppleine (fünf oder zehn Meter), die Hunden, die aus welchen Gründen auch immer (noch) nicht frei laufen können, mehr Bewegungsfreiheit ermöglicht, ist nichts einzuwenden. Ich benutze auch gern Abroll- bzw. Flexileinen, obgleich ich weiß, dass deren Einsatz durchaus umstritten ist. Den oft gehörten Einwand, dass sie den Hund zum Ziehen animieren würden, kann ich nicht so recht nachvollziehen. Denn das Gewicht, das der Hund aufwenden muss, um die Leine zum Abrollen zu bringen, ist bei den modernen Leinen mit Sicherheit nicht höher als der Kraftaufwand, den er braucht, um die Schleppleine hinter sich herzuziehen, insbesondere wenn diese witterungsbedingt nass geworden ist. Rein technisch, vom Kraftaufwand gesehen, müsste eine Schleppleine einen Hund also sogar noch eher zum Ziehen veranlassen als eine Abrollleine. Ich arbeite mit beiden Varianten und habe dabei noch keinen Hund kennen gelernt, der durch diese Leinen das Ziehen gelernt hätte.

Natürlich sollte man an dieser Stelle darauf hinweisen, dass der Umgang mit Abrollleinen nicht immer ganz einfach ist. Fällt sie einem zum Beispiel runter, dann knallt der Kasten auf den Boden und rattert hinter dem Hund her, wenn dieser durch den Schreck davonläuft. Auch das „Zurückholen" des Hundes gestaltet sich oft schwierig und kann bei mangelnder Routine sehr unangenehm sein. Aber mit etwas Übung und bei sorgsamem Einsatz halte ich diese Leinen, wenn sie denn von entsprechender Qualität sind und auch „halten" und funktionieren, durchaus für ein gutes Sicherungsmittel, das dem Hund einen gewissen persönlichen Freiraum ermöglicht.

Kommen wir als nächstes zu der Grundsatzfrage Geschirr oder Halsband. Wenn ein Hund an der Leine spazieren geführt wird, kann es immer vorkommen, dass er mal zieht (selbst wenn er norma-

lerweise leinenführig ist) oder man selbst ziehen muss, um ihn zum Beispiel aus einer Gefahrensituation zu holen. Und dabei hätte ich schlicht ein ganz schlechtes Gefühl, wenn mein Hund ein Halsband tragen würde. Um das zu verstehen, brauche ich auch keine wissenschaftlichen Studien, mein einfaches technisches Verständnis sagt mir schon eindeutig, dass bei gleicher Kraft der Druck auf einzelne Punkte geringer ist, je mehr Druckpunkte ich habe. Und beim Geschirr verteilt sich die Kraft ganz eindeutig auf mehrere Druckpunkte und nicht nur auf einen, wie beim Halsband. Das Argument, dass ein Hund eine starke Halsmuskulatur hat, um Beute zu reißen, zu halten und zu schütteln, sehe ich auch eher skeptisch, weil der Hund die dafür notwendige Muskulatur eher an den Seiten des Halses hat. Zusätzlich hat er eine relativ starke Muskulatur auf der Oberseite des Halses, die den Hals und Kopf aufrecht hält. Auf der Unterseite ist der Hundehals hingegen kaum bemuskelt, weniger übrigens als der Menschenhals, der wegen des aufrechten Gangs rundum bemuskelt ist. Aber an der Halsunterseite wirkt der Druck durch die Leine am stärksten... Also, mein Verstand und die Logik sagen mir eindeutig, dass ein Hund besser am Geschirr als am Halsband gesichert wird. Ich finde es aber völlig in Ordnung, wenn ein Hund zum Anbringen von Hundemarke und Adresse ein Halsband trägt, während manche meiner Kollegen schon das vehement ablehnen.

Ein letztes Hilfsmittel, das ich ab und zu nutze und das ebenfalls direkt der Erziehung zugeordnet werden kann, ist der Clicker. Mit seiner Hilfe kann man den Zeitraum zwischen der richtigen Handlung des Hundes und der darauf durch den Halter zugeteilten Belohnung verlängern. Allerdings sollte man nicht die gesamte Hundeerziehung auf dieses Hilfsmittel aufbauen – sondern eher auf für beide Arten verständlicher Kommunikation. Also, Clicker ist dann und wann gut und nützlich, aber es sollte nicht so weit kommen, dass der Hundehalter in Panik verfällt, wenn er beim Gassigang feststellt, dass er den Clicker daheim vergessen hat...

FAZIT:

Nicht alle Erziehungshilfen, die auf dem Markt angeboten werden, sind auch wirklich sinnvoll, weshalb man sich genau informieren sollte, nach welchen Erziehungsgrundsätzen das jeweilige Gerät eingesetzt werden soll. Andererseits gibt es durchaus Equipment, das sinnvoll und tierschutzkonform benutzt werden kann. Das beste Hilfsmittel in der Hundeerziehung ist jedoch der gesunde Menschenverstand und ein fundiertes Basiswissen über das Verhalten und die Bedürfnisse eines Hundes...

Ich habe mich bis hierher bemüht, die Mensch-Hund-Beziehung unter unterschiedlichsten Aspekten zu betrachten, wissenschaftliche Argumente und Gegenargumente anzuführen, Verhaltensbeobachtungen mit einzubeziehen usw. Aber alle wissenschaftlichen Erkenntnisse zum Hundeverhalten, alle Interpretationen dieser Erkenntnisse und auch die Umsetzung dieser unterschiedlichen Interpretationen im Umgang mit dem Hund können immer nur einen Teil der Mensch-Hund-Beziehung ausmachen.

GEDANKEN ZUM SCHLUSS

Einen bedeutenden Teil zwar, aber sicher nicht den wichtigsten, denn viel wichtiger als alle Erkenntnisse über Hundeverhalten ist die Frage, warum wir Menschen uns Hunden gegenüber so verhalten, wie wir es tun. Die Antwort auf diese Frage ist vielschichtig. Die eigene Erziehung, das, was die Eltern vorgelebt haben, die Erfahrung, die man mit Hunden gemacht hat und auch die religiöse und/ oder sonstige weltanschauliche Überzeugung spielen hier eine Rolle. Weiter ist es eine Frage der Moral, wie wir uns anderen gegenüber verhalten. Doch was ist Moral eigentlich?

Moral beschreibt die faktischen Handlungsmuster, Regeln und/ oder Prinzipien bestimmter Individuen, Gruppen oder Kulturen, sofern diese wiederkehren und innerhalb der Gruppe oder Kultur anerkannt und erwartet werden. Das heißt also, dass der Begriff Moral in unterschiedlichen Kulturen, Religionsgemeinschaften oder politischen Gesellschaften, aber auch in kleineren Gruppen wie Vereinen oder Verbänden, ganz unterschiedlich interpretiert und angewendet wird. Als Beispiel kann man Religionen nennen, die unter anderem die Verhütung aus moralischen Gründen verbieten, während der weltliche Staat, in dem diese Kirchengemeinschaften aktiv sind, Verhütung als völlig legitim und moralisch einwandfrei ansieht. Moral ist also nichts starr Fixiertes, sie dient in den komplexen menschlichen Gesellschaften eigentlich eher als ordnender Faktor und so kann es sein, dass sich ein Mensch in seinem sozialen Umfeld mit unterschiedlichsten moralischen Grundsätzen konfrontiert sieht. Was dazu führt, dass man die gängige Moral auch kritisch hinterfragt, was mit dem Begriff der Ethik umschrieben wird. Moral und Ethik werden so zu wichtigen Faktoren eines geordneten und konfliktfreien Miteinanders; doch das, was sich Menschen unter diesen Begriffen vorstellen, kann erheblich differieren und ändert sich von Familie zu Familie, von Verein zu Verein, von Religion zu Religion, von Gesellschaft zu Gesellschaft und auch in der Verzahnung und dem Austausch dieser sozialen Gruppen.

So behaupten zum Beispiel viele Deutsche, dass der Umgang mit Tieren in ihrer Gesellschaft sehr hohen moralischen Ansprüchen, die das Wohl der Tiere betreffen, genügt. Wenn ich als Mitglied dieser Gesellschaft allerdings meine individuellen moralischen Ansprüche heranziehe und die Moral der Gesellschaft, hier bezogen auf Tiere, ethisch betrachte, kann ich nur noch wenig von hohen moralischen Ansprüchen erkennen. Ich möchte jetzt gar nicht auf Massentierhaltung, Tiertransporte oder grausame und wissenschaftlich völlig unbegründete Formen der Tierversuche und der Jagd (z. B. Baujagd mit Hunden, Erschlagen von Fuchswelpen vor den Augen der Mutter etc.) eingehen. Mein Thema hier sind die Hunde und deren Erziehung, und wenn ich die moralischen Grundsätze näher betrachte, die bei der Hundeerziehung zum Tragen kommen, läuft mir ein kalter Schauer den Rücken herunter. Tatsächlich sehe ich die Grundlage vieler Probleme in der uralten Sozialgemeinschaft zwischen Mensch und Hund beim Menschen und seiner Einstellung gegenüber anderen Lebewesen, die recht egozentrisch sein kann und schnell vergisst, dass wir es mit denkenden und fühlenden Mitgeschöpfen zu tun haben, die ein Recht darauf haben, in ihrer Andersartigkeit respektiert und mit ihren Bedürfnissen ernst genommen zu werden.

einen Hund zu halten: ICH möchte einen Hund und ICH möchte, dass der Hund die und die Eigenschaft hat und so und so aussieht. Dann möchte ICH, dass der Hund dieses oder jenes lernt, ICH möchte, dass der Hund so oder so erzogen wird usw.; und um MICH gut zu fühlen, kaufe ich dem Hund teures Futter, schöne Accessoires und gehe mit ihm zum Hundesport, weil MIR das Spaß macht und damit ICH kein schlechtes Gewissen haben muss, wenn er zum Beispiel stundenlang alleine bleiben und/ oder ohne Artgenossen allein leben muss usw.

Sie sehen also, hier werden viele Bedürfnisse befriedigt – unter ganz vielen ICH-Bedürfnissen des Menschen auch die Grundbedürfnisse des Hundes nach Nahrung und Bewegung. Aber obwohl der Mensch die Grundbedürfnisse des Hundes befriedigt, befriedigt er durch den Hund eine ganze Reihe von Luxusbedürfnissen bezogen auf sich selbst – wovon eine ganze Industrie profitiert, die täglich neue Produkte und Methoden rund um den

SOZIAL-GEMEINSCHAFT

Wenn Sie mir nun gedanklich widersprechen und anführen, dass die meisten Halter doch vieles für ihre Hunde tun, mit ihnen zum Sport fahren, das beste Futter kaufen, sich um ihre Gesundheit bemühen usw., dann entgegne ich, dass es dabei häufig aber gar nicht darum geht, wirklich die Bedürfnisse des Tieres zu erfüllen, sondern eher die eigenen. Es fängt schon bei dem Wunsch an,

Hund auf den Markt wirft. Zusätzlich wird das Bedürfnis des Menschen befriedigt, neuen Trends hinterherzulaufen, um sich dadurch eine vermeintliche Individualität zu erschaffen, gleichzeitig aber in einer Masse mitzuschwimmen und sozial anerkannt zu sein. Diese Bedürfnisse sind dann oft viel wichtiger als die des Hundes! Oder glauben Sie wirklich, es gäbe für den Hund nichts Schöneres,

als auf Ausstellungen und sportliche Wettbewerbe geschleppt zu werden, für die mehrmals pro Woche trainiert und endlose Kilometer gefahren werden müssen? Glauben Sie, es mache den Hund wirklich glücklich, wenn er mit Herrchen oder Frauchen seine Runden dreht und sich dabei mit Artgenossen auseinander setzen muss, denen er lieber aus dem Weg gehen würde, was aber nicht geht, weil dieser Rüde eben Frauchens bester Freundin gehört, mit der sie spazieren gehen will? Und will der Hund wirklich immer spielen und kuscheln, wenn seinem Menschen danach ist? Diese Liste ließe sich ins Unendliche fortsetzen und dennoch möchte ich mit diesen Zeilen nicht alles schlecht machen, was die Hundeszene oder Motivation zur Hundehaltung hergibt, denn gute Futtermittel und eine dem Hund entsprechende Bewegung und Auslastung sind zu begrüßen. Aber das Ganze hat bei uns Ausmaße angenommen, die vielleicht dem Menschen Freude bereiten, den Hund aber leider oft nur als Mittel zum Zweck dastehen lassen, menschliche Bedürfnisse zu befriedigen. Dazu gehört leider auch, dass er funktionieren muss wie ein Uhrwerk. Sie glauben, das sei nun aber wirklich zu hart formuliert? Dann hören Sie doch einfach mal hin, wenn sich Menschen über Hundeerziehung unterhalten. „Der Hund muss…“; „Der Hund darf nicht…“; „Der Hund kann nicht einfach…“; „Der Hund soll nicht…“ – das ist die Terminologie, die in der Hundeerziehung vorherrscht. Während der Mensch immer das ICH in den Vordergrund stellt, sind im Zusammenhang mit dem Hund die

Wörter MUSS und NICHT dominant. Natürlich gibt es auch Hundehalter und Trainer, die sich sehr viele Gedanken über die Bedürfnisse der ihnen anvertrauten Tiere machen und diese auch, so es möglich ist, erfüllen, aber die Masse ist das nicht und bei vielen Haltern ist es tatsächlich so, dass die Bedürfnisse der Hunde eine eher untergeordnete Rolle spielen. Manchmal aus Unwissenheit und manchmal auch, „weil das eben so ist", wie mir kürzlich ein Kunde sagte. Er war tatsächlich der Meinung, dass Tiere auf dieser Welt sind, um uns entweder als Nahrungsquelle oder als Quelle der Freude zu dienen. Bei so viel Egozentrik verschlug es mir glatt die Sprache...

Zusätzlich sehe ich es als großes Problem an, dass wir Hunden nicht nur etwas verweigern, sondern zum Teil normale Verhaltensweisen und Eigenschaften gezielt durch Selektion und Zucht verstärkt haben, weil uns Menschen diese nützlich waren oder sind. Wir haben Hunde als Wächter, Jagdgehilfen, Viehtreiber, Ungeziefervertilger oder Lastenträger geschätzt und eingesetzt. Heutzutage werden aber die meisten von ihnen als Familien- und Gesellschaftshunde gehalten, und wenn die Tiere nun das tun, wofür wir sie gezüchtet haben, wenn sie wachen, bellen, jagen, zusammentreiben, gewöhnen wir ihnen diese Verhaltensweisen unter Anwendung von Schreck, Schmerz und Verunsicherung ab: Wir haben Wächter gezüchtet und bestrafen diese heute, wenn sie bellen. Wir haben Jagdgehilfen gezüchtet und gewöhnen ihnen heute mit Reizstromgeräten das Jagen ab. Wir haben Hunde als „Zugtiere" gezüchtet und quälen sie heute mit Stachelhalsbändern, wenn sie an der Leine ziehen. Wo bleibt die Fairness?!

Der Liedermacher Reinhard Mey hat diesen Aspekt der Hundehaltung in seinem Lied „Gebet eines Hundes" beschrieben, der das Verhältnis mancher Menschen zu ihrem Hund nicht treffender beschreiben könnte. Hier ein Auszug:

Lieber Himmelhund, ich würd' mich
zu gern mal richtig austoben.
Auf 'nem richt'gen wilden Acker und
nicht immer nur von oben.
Vom Balkon im 10. Stock auf den
versifften Spielplatz seh'n
Und am Abend nur für drei Minuten
mal kurz runtergeh'n.
An den ersten armen Baum, der mit
dem Hundekottod ringt,
Weil hier jeder aus dem Block schnell
seinen Hund zur Notdurft zwingt.
Einmal nur nach Herzenslust 'rumschnuppern
in den Mäusewinkeln
Und nicht an der Leine weggezerrt
werden mitten im Pinkeln.
Lieber Hund im Himmel: Etwas Muße und
ein eigner Baum –
Das wär' mein Traum!

HUNDELEBEN!

Lieber Himmelhund, ich möcht' gern richtig
stink'gen Schweinkram fressen
Und nicht das Designermenu aus der
Fernsehwerbung essen.
Ich möchte nicht, dass mich parfümierte
Hände streicheln, nein,
Meine Nase ist zu fein
für Gucci und für Calvin Klein.
[...]
Weil der Mensch es für unglaublich
originell und witzig hält,
Wenn er uns vermenschlicht und sich
zugleich hoch über uns stellt:
„Ihr da unten – ich hier oben. Ich werf' und
ihr holt den Stock!"
Menschen brauchen Katzen, Vögel,
immer einen Underdog.
Menschen woll'n immer Gefang'ne,
Menschen sind immer die Schließer,
Die Verhätsch'ler, die Verhöhner, die Streichler,
die Krauler und die Blutvergießer. [...]

Natürlich können wir den Hunden nicht alle Verhaltensweisen erlauben, die sie genetisch fixiert abrufen könnten. Aber zumindest sollten wir uns vor der Anschaffung eines Hundes überlegen, ob wir einen Hofwächter, Jagdhund, Hüte- und Treibhund, Schlittenhund brauchen können – oder ob wir zumindest willens und in der Lage sind, das zu erwartende Verhalten gewaltfrei in handelbare Bahnen zu lenken.

Und dennoch, bei all dem, was im Argen liegt, gibt es auch Menschen, die Hunde wirklich als Persönlichkeiten sehen, die mit ähnlichen Gefühlen ausgestattet sind wie wir, die Bedürfnisse haben und von Instinkten gesteuert sind, die es zu verstehen gilt, die nicht trotz, sondern wegen ihrer Andersartigkeit so besonders und so liebenswert sind und unser Leben unendlich bereichern. Menschen, die wirklich versuchen, ihrem Hund ein so artgerechtes Leben wie möglich zu bieten und die ihr Bestes tun, damit er sich wohl und sicher fühlt.

Ich hoffe, dass meine Kollegen (die gleich im Anschluss zu Wort kommen) und ich mit diesem Buch dazu beitragen können, dass Sie sich Ihr eigenes Bild darüber machen, welche Erziehungsmethode Sie für sich und Ihren Hund auswählen – und welche Sie bewusst ablehnen und den Befürwortern von Gewaltanwendung und Einschüchterung die Stirn bieten. Die klaren Worte an der ein oder anderen Stelle dieses Buches und der direkte Vergleich der Meinungen sollen dies ebenfalls tun! Außerdem hoffe ich, dass meine Ausführungen dazu beitragen konnten, das nicht mehr haltbare Bild vom Hund, „der als Alpha die Weltherrschaft übernehmen möchte“, zu revidieren – gerade in einer Zeit, in der wieder mehr die Hundeexperten gefragt sind, die ständig von Grenzsetzungen und Rudelkonzepten reden und ihre Ideen auch mit aller Härte durchsetzen. Zwar sind einige gut darin, ihre Brutalmethoden in blumige Worte zu kleiden, aber letztlich sind es die gleichen Typen wie zu allen Zeiten, die ihre Machtgelüste auf dem Rücken schwächerer ausleben – hier auf dem Rücken der Hunde. Ich bin mir sicher, so würden uns Hunde nie behandeln, selbst wenn sie es könnten.

Es muss doch möglich sein, die uralte, problemlose Freundschaft zwischen Menschen und Hunden so fortzuführen, wie sie seit Jahrtausenden besteht. Wenn sich auch Umwelt und Gesellschaft verändert haben und sich Mensch und Hund anpassen müssen, so müssen wir doch nicht so weit gehen, dass wir selbst Opfer der Modetrends und des Philosophiechaos werden, die uns umgeben. Für viele Hundehalter ist das Verhalten ihres Tieres noch immer – oder mehr denn je – ein Buch mit weit mehr als sieben Siegeln. Wenn wir jedoch unser Herz öffnen und unserem Hund auf einer soliden Basis aus Empathie, Fachwissen, Wohlwollen, Fairness und Zuneigung begegnen, werden wir in der Lage sein, einen Raum zu erschaffen, in dem sich Mensch und Hund als Freunde begegnen können und der Wohlbefinden für beide ermöglicht.

INTERVIEWS

Kommen wir an dieser Stelle zu den Interviews mit anderen Hundeexperten, die zu ähnlichen Themen befragt wurden, wie ich sie vorher ausführlich erläutert habe. Selbstverständlich sind die Antworten hier viel knapper gefasst, sonst würde dieses Buch ja auch eine Enzyklopädie. Dennoch kann man sich auch aus diesen kurzen Statements gut ein Bild darüber machen, wie meine Kolleginnen und mein Kollege über bestimmte Themen denken. Alle Antworten sind unverändert und unkommentiert wiedergegeben. Machen Sie sich Ihr eigenes Bild!

SABINE NEUMANN

geboren am 01. Januar 1968

Hundeschule:

TRAUM HUND
Fernitz 16
A-3564 Plank am Kamp
E-Mail: info@traum-hund.com
www.traum-hund.com
Tel.: +43 (0)676 45 322 45

Angebote der Hundeschule:

- Welpenfrühförderung
- Grundgehorsam
- Training zur Verhaltenskorrektur
- Nasenarbeit
- Seminare und Vorträge
- Erstellung von Gutachten als Allgemein beeidete und gerichtlich zertifizierte Sachverständige für Hunde
- Beratung von und Schulung in Tierheimen
- Arbeit mit Hunden aus dem Tierschutz

Arbeitet als Trainerin seit:

2000, eigene Hundeschule seit 2003

Wie sind Sie auf den Hund gekommen?

Der Wunsch nach einem Hund bestand seit meiner Kindheit, war damals aber nicht realisierbar. Nach Schulabschluss und Erwerb des eigenen Hauses kam dann auch sofort der erste eigene Hund, Rolf, ein Collie-Schäfer-Mischling. Er war die Erfüllung meines Kindheitstraums und lebte viele Jahre gemeinsam mit Kitt, einem Deutschen Jagdterrier.

Wie viele Hunde haben Sie und was für welche? Und wie heißen sie?

Aktuell haben wir sechs Hunde in unserem Haushalt und fünf weitere betreuen wir in unserem Tierschutzverein Tier-reich. Unsere privaten Hunde sind:

Blacky, eine mittlerweile 11,5 Jahre alte Bernhardiner-Windhund-Schäferhund-Mischlingspersönlichkeit; Gina, ein knapp 8 Jahre altes Colliemädchen; Aduke, eine zirka 12-jährige Colliedame; Yuma, ein 4-jähriger Collie-Mischlings-Lausbub; Burzel, ein zirka 12-jähriger blinder Colliemischling und Viola, ein 6-jähriges pfiffiges Sheltiemädchen. Natürlich alle aus dem Tierschutz.

Tier-reich ist in erster Linie ein Tierhospiz für alte, kranke und unvermittelbare Hunde. Deshalb leben diese Hunde auch mit sehr engem Anschluss an uns. Aktuell betreuen wir: Fee, eine 11-jährige Collielady; Bienchen, eine 12-jährige, schwer krebskranke Colliehündin; Toby, ein 11-jähriger Colliesir; Aragon, ein 7-jähriger Collierüde und Josy, eine 7-jährige Schäfermischlingshündin.

Haben Sie noch weitere Haustiere? Falls ja, welche und wie viele?

Nein.

Mit wie vielen Hunden haben Sie bisher zusammen gelebt?

Bisher haben neun eigene Hunde mein Leben bereichert.

Warum sind Sie Hundetrainerin geworden?

Mein Hund Blacky führte mich zum Beruf der Hundetrainerin. Er war, als ich ihn damals aufgenommen habe, ein derart schwieriger Hund, dass ich trotz meiner Erfahrung mit Hunden wirklich professionelle Hilfe brauchte. So lernte ich Clarissa von Reinhardt kennen und sie überzeugte mich davon, die Trainerausbildung bei animal learn zu beginnen. Ich hatte damals in keiner Weise vor, jemals Hundetrainerin zu werden, dachte mir aber, mehr über Hunde zu wissen, schadet nicht ;-).

Ja und so fügte sich mein Schicksal. Ich absolvierte die Ausbildung, begann mich sehr intensiv mit Hunden im Tierheim zu beschäftigen, aus einem Hund wurden zwei, dann drei... dann sechs. Aus „ein wenig mit Hunden trainieren" wurde sehr rasch ein Vollzeitjob, dann kam der eigene Tierschutzverein und jetzt bin ich seit einigen Jahren hauptberuflich Hundetrainerin.

Was finden Sie an diesem Beruf am schwierigsten/ anstrengendsten?

Am schwierigsten finde ich, Hunde und ihr Ausdrucksverhalten wirklich gut lesen zu können, damit in ihren Augen und an ihrer Körpersprache zu erkennen, was sie schon alles mitgemacht haben, was Menschen ihnen angetan haben. Und oftmals auch sehen zu müssen, dass sehr viele Menschen das alles nicht sehen können oder wollen.

Und was am schönsten?
Am schönsten ist für mich die Arbeit im Tierschutz ganz generell. Im Hundetraining erfüllt es mich mit großer Freude, wenn ich Menschen beibringen kann, sich wirklich auf Hunde einzulassen, sie als Persönlichkeiten und Lebenspartner zu sehen und damit eine echte Gemeinschaft, ein Team entsteht.

Welche Mindestvoraussetzungen sollten Ihrer Meinung nach erfüllt werden, wenn man als Trainer arbeiten möchte?
Mindestvoraussetzungen für die Arbeit als Hundetrainer sind Liebe zum Hund kombiniert mit umfangreichem Fachwissen und der Bereitschaft, mit Menschen und ihren Hunden zu arbeiten.

Wie lautet Ihre Trainingsphilosophie?
Jeder Hund kann der persönliche Traumhund werden. Dazu muss der Hund nicht perfekt sein. Er ist ein Lebewesen mit Stärken, Schwächen, Fehlern, guten und schlechten Tagen. So wie wir alle. Im Training arbeiten wir daran, das Team Schritt für Schritt zum gemeinsamen Erfolg zu führen.

Wie hat sich Ihr Leben und Ihr persönliches Umfeld verändert, seit Sie mit Hunden arbeiten?
Mein Leben hat sich grundsätzlich verändert. Ich habe meinen Beamtenjob an den Nagel gehängt, meine persönlichen Prioritätensetzungen sind völlig anders geworden – Hunde stehen jetzt im Vordergrund. Lebt man mit sechs Hunden zusammen, so ändern sich darüber hinaus Hobbys, Urlaubspläne, Freizeitgestaltung und auch der Freundeskreis selektiert sich aus. Dennoch: Ich möchte mein Leben nicht tauschen, ich will es genauso, wie es ist, und habe in meinem Mann den Partner, der dies alles mit trägt und unterstützt.

Was ist Ihnen in der Mensch-Hund-Beziehung am wichtigsten?
Eine gute Mensch-Hund-Beziehung muss getragen sein von Vertrauen, zuverlässigem, vorhersehbarem Umgang und Respekt im täglichen Miteinander.

Wenn Sie ein Hund wären, was für einer wären Sie?
Viele meiner Kunden meinen, ich wäre ein Collie ;-), ich selbst weiß es aber nicht so genau. Was ich sicher weiß ist, dass ich, würde man mich einsperren, schlagen oder sonst irgendwie mit Gewalt behandeln, ganz sicher ein so genannter Problemhund wäre.

Ihr Lebensmotto
Ich habe kein Lebensmotto.

INTERVIEW:

Was verstehen Sie unter einem Rudel?

Ein Rudel ist ein gewachsener Familienverband, besteht also aus eng verwandten Tieren, zumeist Elterntiere und ihre Nachkommen. Ein bunt zusammen gewürfelter Haufen von Hunden etwa innerhalb einer Familie ist eine Hundegruppe und auch zufällig oder absichtlich beim Spaziergang aufeinander treffende Hunde sind kein „Rudel". Und natürlich bilden auch wir Menschen kein Rudel mit unseren Hunden und können und brauchen daher auch keine „Rudelführer" zu sein, denn wir sind eine andere Art und auch nicht verwandt mit unseren Hunden. Damit führt sich auch die „Rudelführertheorie" ad absurdum, aufgrund derer viele Hunde viel zu streng und grob behandelt werden. Es gibt keinen biologischen Grund, den Hund ständig zu gängeln und ihm andauernd zu demonstrieren, dass man der Anführer ist und alle Macht inne hat.

Glauben Sie, dass die Verhaltensmuster, die Hunde untereinander in einem Hunderudel zeigen, auf die Mensch-Hund-Beziehung übertragbar sind?

Grundsätzlich ja, denn auch wir bilden mit unseren Hunden Sozialverbände und leben mit ihnen zusammen. Wir müssen nur vorsichtig in der Interpretation des Gesehenen sein und verantwortungsbewusst damit umgehen. Insbesondere können wir uns von Hunden abschauen und uns daran orientieren, mit welch unglaublicher Empathie Hunde in ihrem vertrauten Sozialverband agieren, wie geduldig und nachsichtig sie mit Welpen umgehen, wie rücksichtsvoll sie mit alten und kranken Hunden sind. Fatal ist, einzelne Elemente aus dem Verhaltensrepertoire von Hunden herauszugreifen und isoliert, ohne das nötige Fachwissen und ohne die Kenntnis darüber, wie Hunde das wirklich machen und meinen ins Zusammenleben mit Menschen zu übertragen – insbesondere wenn es um Disziplinierungen geht. Häufig wird dann noch damit argumentiert, dass Hunde das genauso machen würden. Vorsicht! Jede Disziplinierung unter Hunden in funktionierenden Sozialverbänden hat Warnstufen, erfolgt ritualisiert, nicht aus heiterem Himmel und unberechenbar und unangemessen grob oder aggressiv.

Welche Bedeutung hat für Sie die Rangordnung innerhalb einer Hundegruppe?

Keine, ich glaube nicht an Rangordnungen außerhalb des Militärs und bei Hühnern, wenn es um die Hackordnung beim Futter geht. Das Zusammenleben innerhalb eines Kaniden-Verbandes gleicht viel mehr einer funktionierenden Familie als einem militärischen System. Die Führungspersönlichkeiten agieren wie verantwortungsvolle Eltern: Sie sorgen für nachvollziehbare, vernünftige Regeln und für Ruhe und Sicherheit und sie leiten die wichtigen Aktivitäten ein. Die Rangordnung als militärisches, streng hierarchisches Konstrukt, angeführt von einem despotischen Herrscher ist aus meiner Überzeugung kein geeignetes Modell, um das soziale Zusammenleben von Hunden bzw. Hunden und Menschen zu erklären. Ja, es gibt hierarchische Strukturen, es gibt Regeln und Grenzen – in vernünftiger Art und Weise. Nein, das Zusammenleben mit und unter Hunden ist nicht antiautoritär und demokratisch. Aber eben auch in keiner Weise getragen von ständiger Gewalt und Unterdrückung, von Grobheiten und Unterwerfung, von Druck und Zwang. In einem funktionierenden Sozialverband, in einer passenden Hundegruppe ist so etwas überhaupt nicht nötig.

Gibt es in Hundegruppen Alphatiere?

Ja, aber nicht in dem Sinne, den viele Menschen gedanklich damit verbinden. Der „Alpha" ist nichts anderes als der Anführer im Sinne des Elterntieres. Er ist kein Gewaltherrscher oder Diktator, der durch Kampf und Unterdrückung aufgestiegen ist. Ich glaube nicht, dass sich das Zusammenleben hoch sozialer Lebewesen mit einer streng linearen Hierarchietheorie erklären lässt. Woran ich glaube ist, dass der Anführer einer Hundegruppe der Souveräne, Ruhige, Gelassene ist, der für Ruhe und Ordnung sorgt, sich darum kümmert, dass die wichtigen Ressourcen gesichert sind und der immer den nötigen Überblick hat. Das ist in meiner Welt der „Alpha".

Wie definieren Sie „Dominanz"?

Dominanz wird in der gängigen Interpretation praktisch als ein Charakterfehler des Hundes gesehen, ein Damoklesschwert, das über allen Mensch-Hund Beziehungen schwebt, wenn man nicht permanent gegensteuert. Wir haben solche Angst davor, dass unser Hund „dominant" sein könnte, dass vielfach immer noch völlig absurde Regeln das Zusammenleben bestimmen. Dabei ist sich nicht einmal die Wissenschaft einig darüber, was „Dominanz" eigentlich ist – die Theorien widersprechen einander zum Teil grundsätzlich. Für mich ist der Dominante der Souveräne, die Führungspersönlichkeit, derjenige, der in wichtigen Fragen das Sagen hat. Dominanz ist immer beziehungs- und situationsabhängig. Den per se „dominanten Hund" gibt es daher nicht. Viele Verhaltensweisen, die als Dominanz interpretiert werden, sind oftmals durch unbewusste Konditionierung oder Lernen am Erfolg entstanden und können daher auch mehr oder weniger einfach wieder umgelernt werden.

Haben alle Hunde das Bedürfnis andere Mitglieder ihrer sozialen Gruppe zu dominieren?

Nein, überhaupt nicht. In meiner Hundegruppe leben sechs Hunde. Keiner davon versucht, dem anderen seinen Willen aufzuzwingen. Wenn ein bevorzugter Liegeplatz schon belegt ist, dann suchen sie sich einen anderen. Wenn einer mit dem anderen spielen will, dann versucht er es mit Charme, manchmal klappt es, dann wieder nicht. Und dann geht er halt wieder. Er zwingt die anderen auch nicht zum Mitmachen. Natürlich geben sie einander auch mal zu verstehen: „Das ist jetzt mein Knochen, geh weg", oder „Hier liege ich, pass auf und komm mir nicht zu nahe." Das ist aber etwas völlig Normales und hat nichts mit Dominanz zu tun, sondern wiederum mit situationsbezogenen Grenzen. Es passiert auch unabhängig vom sozialen Status in der Gruppe – jeder hat das Recht zu sagen „bis hierher und nicht weiter", was von den anderen auch akzeptiert wird. Und keiner meiner Hunde versucht, die anderen dadurch zu dominieren, indem er ihnen – wie wir Menschen es mit unseren Hunden tun – Kommandos oder Befehle gibt, deren Missachtung dann streng diszipliniert wird...

Die meisten Menschen sind nicht in der Lage, die Kommunikationsmittel der Hunde (körper- oder lautsprachlich) zu verstehen. Das Erkennen welcher Kommunikationsmittel der Hunde halten Sie für besonders wichtig?

Für mich ist es am wichtigsten, den Menschen verständlich zu machen, dass Ausdrucksverhalten niemals an nur einem Ausdruckselement festgemacht werden kann und darf. Ich schule Hundehalter darauf, immer den gesamten Hund und das Verhalten im Kontext zu lesen. Großes Augenmerk lege ich dabei darauf, Menschen bewusst zu machen, dass die Hunde in erster Linie auf Konfliktvermeidung setzen und dafür u.a. Beschwichtigungssignale einsetzen. Diese leisen Töne werden sehr oft überhört, aufmerksam werden wir in der Regel erst, wenn der Hund Drohgebärden zeigt oder in Aggressionsverhalten kippt. Diese Wahrnehmung möchte ich bei Menschen verändern.

Großes Augenmerk lege ich dabei darauf, Menschen bewusst zu machen, dass die Hunde in erster Linie auf Konfliktvermeidung setzen und dafür u.a. Beschwichtigungssignale einsetzen. Diese leisen Töne werden sehr oft überhört.

Halten Sie es für sinnvoll, Kommunikationsmittel des Hundes (z. B. das Knurren) zu unterbinden?

Auf keinen Fall! Der Hund lernt damit lediglich, dieses Ausdruckselement zu unterlassen. Seine Befindlichkeit/ Gefühlslage in der jeweiligen Situation verändert sich aber nicht und ab einem gewissen Zeitpunkt wird er nachdrücklicher werden, was sich durch ein Abschnappen oder Beißen zeigen kann. Arbeitet man dann mit massiven Strafreizen, kann es schon sein, dass sich der Hund nicht mehr traut, dieser Person gegenüber aggressiv zu werden. Irgendwann aber wird sich all die aufgestaute Angst, Frustration und Wut entladen müssen. Und meist trifft es dann irgendjemand anderen. Sinnvoll kann für mich daher nur sein, die Ursachen für das Verhalten des Hundes zu finden und seine Gefühlslage und seine Reaktion in dieser Situation durch gezieltes Training nachhaltig zu verändern, nicht einfach Symptome wegzustrafen.

Welche Punkte erachten Sie in der Hundeausbildung/ Hundeerziehung als besonders wichtig?

Zu lernen, den Hund als Hund zu sehen und seine arteigenen Bedürfnisse und Verhaltensweisen zu verstehen. Dazu gehört für mich – soweit es uns Menschen möglich ist –, die Welt ein Stück weit wie ein Hund zu betrachten. Mit diesem Verständnis und Wissen ist es relativ einfach, seinen Hund vernünftig zu führen, ihm nur das zuzumuten, was er bewältigen kann und dem Hund die paar Dinge beizubringen, die er im Zusammenleben mit uns Menschen wirklich braucht: Nachvollziehbare, vernünftige Grenzen, respektvollen Umgang mit Artgenossen und Menschen, Kommandos, die der Hund schrittweise und positiv motiviert erlernt hat. Ich erachte es als wichtig, dass Menschen verstehen, dass nicht jeder Hund für jegliche Aufgabe geeignet ist (genauso wenig wie jeder Mensch) und jeder Hund sein individuelles Lerntempo und seine eigene Herangehensweise an's Lernen hat.

Haben Sie eine spezielle Methode, nach der Sie Hunde ausbilden bzw. wie Sie das Hundeverhalten beeinflussen?

Ich arbeite über positive Verstärkung unter absolutem Verzicht auf physische und psychische Gewalt. Mein Training basiert auf der gewaltfreien Hundeerziehung nach der Methode von animal learn. Natürlich fließen dazu in der Umsetzung meine eigenen Erfahrungen und auch meine Persönlichkeit mit ein. Ich versuche in meiner Arbeit mit Hunden nicht bloß den Hund Dinge zu lehren, sondern auch Hundehaltern im Zusammenleben mit ihren Hunden ein Lebenskonzept näher zu bringen, in dem der Hund ein wichtiger und wertvoller Partner ist und an dessen Ende ein harmonisches Mensch-Hund Team steht.

Ist die positive Verstärkung eine nachhaltig wirkende Möglichkeit, Hunde zu erziehen bzw. auszubilden?

Ja, ich arbeite seit Jahren erfolgreich damit. Bei der Beurteilung von Maßnahmen ist für mich wichtig, dass sie tierschutzkonform und ethisch einwandfrei sind. Nachhaltig wirksam bedeutet für mich auch, dass die Beziehung zwischen Mensch und Hund nachhaltig positiv beeinflusst wird. All das erreiche ich über positive Verstärkung. Rein lerntechnisch ist nachgewiesen, dass positiv Erlerntes besser im Gehirn verankert ist, nachhaltiger sitzt und zuerst und bereitwilliger abgerufen wird. Denken wir doch an uns selbst: In welchen Unterrichtsfächern in der Schule waren wir besser, jene, in denen die Lehrer nett, freundlich und mit hohem Spaßfaktor gearbeitet haben oder jene, in denen Druck und Angst regierten? Welches Wissen von damals können wir heute noch leichter abrufen?

Ist die negative Verstärkung eine nachhaltig wirkende Möglichkeit, Hunde zu erziehen bzw. auszubilden?

Für mich nicht. Negative Verstärkung, also das Weglassen von etwas Unangenehmen, bedeutet, dass ich zunächst einen unangenehmen, also aversiven Reiz anwenden muss. Nur dann kann ich ihn weglassen, der Hund das Unangenehme vermeiden und ich somit ein Lernen über negative Verstärkung bewirken. Das mache ich schon aus ethischen Gründen nicht. Lerntheoretisch kommt dazu, dass ein Lernen mit Hilfe von Strafreizen natürlich eng mit Angst verbunden ist, damit den Mandelkern im Limbischen System anspricht. Der Hund reagiert mit instinktiven Verhaltensweisen, die Flucht oder Angriff auslösen, und sein Körper wird in einen Alarmzustand versetzt. Eine erhebliche Stress- und Angstreaktion hemmt das Denkvermögen. Keine guten Voraussetzungen für nachhaltiges Lernen. Und vergessen wir doch nicht bei all den Gedanken darüber, ob positive oder negative Verstärkung besser wirkt, Strafe ein probates Mittel der Erziehung oder Belohnung doch besser ist, dass wir hier über das Zusammenleben mit Lebewesen reden. Wir reden über Beziehungen in Sozialverbänden, die nicht in erster Linie über Konditionierungsvorgänge erklärbar sind. Die Basis einer funktionierenden Beziehung muss Vertrauen, Respekt, Vorhersehbarkeit sein und das Bewusstsein darüber, dass bei jeglichem Verhalten Emotionen eine entscheidende Rolle spielen.

Welche Abbruchsignale halten Sie für sinnvoll?

Ich arbeite nicht mit Abbruchsignalen, sondern bevorzuge es, dem Hund ein Alternativverhalten beizubringen, also ihm zu zeigen, was er stattdessen tun soll. Das ist viel effektiver, als dem Hund zu erklären, was er nicht tun soll. Zur Verdeutlichung zwei Beispiele: Denken Sie jetzt nicht an einen rosa Elefanten. Kind, fall nicht hin (was soll ich stattdessen tun?)... Ich arbeite beispielsweise mit Umlenkgeräuschen, um die Aufmerksamkeit des Hundes auf mich zu richten, statt beispielsweise Leute anzuspringen, oder bringe dem Hund bei sich hinzusetzen, statt Autos zu jagen. Selbst das Signal, mit dem der Hund nichts vom Boden aufnehmen soll, wird nicht als strenges Abbruchsignal eintrainiert, sondern der Hund lernt, sich auf ein bestimmtes Wort hin an mich zu wenden und dafür gibt es die Belohnung.

Immer wieder ist der Begriff „Konsequenz" in der Hundeausbildung zu hören. Was bedeutet dieser Begriff für Sie?

Konsequenz – ich möchte es als „liebevolle Konsequenz" titulieren und auch so handhaben – bedeutet für mich sinnvolle, nachvollziehbare, immer geltende Hausregeln aufzustellen, die von allen Bezugspersonen eingehalten werden. Auch wenn Mensch gerade mal keine Zeit, Lust oder Muße dazu hat. Dazu gehört natürlich auch eine immer gleich lautende und sauber aufgebaute Kommandogebung durch alle Bezugspersonen.

Wie und ab wann kann und sollte man mit der Ausbildung/ Erziehung bei Welpen beginnen?

Die Erziehung oder besser Eingliederung des Welpen in sein neues Leben beginnt ab dem ersten Augenblick. Was soll der Welpe also von Anfang an lernen? Dass ihm seine neuen Menschen jetzt Geborgenheit, Wärme, Futter, Sicherheit und Zuwendung geben und ihm mit liebevoller Konsequenz nachvollziehbare Grenzen setzen. Die Ausbildung des Welpen – also einfacher Grundgehorsam und die Frühförderung seiner Lernfreude – kann beginnen, sobald er sich in seinem neuen Zuhause eingelebt hat. Sie erfolgt am besten individuell auf den jeweiligen Welpen und seine Halter zugeschnitten.

Hunde sind bekanntermaßen soziale Lebewesen. In welchem Umfang muss ich meinem Hund Kontakt zu Artgenossen bieten?

Hunde sollten – wenn irgendwie möglich – Sozialkontakt zu anderen Hunden haben, und zwar zu solchen Hunden, die sie mögen und als Freunde ansehen. Es ist nicht wichtig und oftmals auch nicht sinnvoll, dass Hunde tagtäglich eine Vielzahl neuer Hunde kennen lernen. Viel wichtiger ist es, sich mit schon bekannten, vertrauten Hundefreunden auszutauschen, deren Verhalten sie kennen, auf die sie sich einstellen können und mit denen sie so richtig vertrauensvoll umgehen. Gelegentlich auch neue Hunde kennen zu lernen ist für die meisten Hunde durchaus in Ordnung. Ständiger Kontakt mit neuen, unbekannten Hunden ist für viele Hunde allerdings sehr stressig und belastend. Ich denke, Hunde sind hier ähnlich wie Menschen zu sehen: Manche müssen ständig „unter die Leute", andere schätzen die Gesellschaft weniger, ausgewählter Freunde.

Was verstehen Sie unter „Freiheiten" eines Haushundes (frei in der Wohnung bewegen, Freilauf etc.) und wie viele Freiheiten soll man Ihrer Meinung nach einem Hund zugestehen?

Freiheiten zu geben heißt für mich, den Hund so viele seiner artspezifischen Verhaltensweisen ausleben zu lassen wie möglich. Natürlich gibt es dafür in einem dicht besiedelten mitteleuropäischen Land Einschränkungen. Dennoch: Der Hund soll Hund sein und das tun dürfen, was seiner Art entspricht: Laufen, schnüffeln, erkunden, entdecken, sich frei bewegen, Gesellschaft suchen oder sich zurückziehen dürfen etc... Der Hund ist kein Sklave des Menschen, der immer und überall zu funktionieren hat, ständig im Kommando steht und sich anpassen soll. Wo endet die Freiheit? Da, wo sie die Freiheit des anderen beeinträchtigt. Beispiele: Ein Hund, der nicht abrufbar ist, sollte nicht frei laufen, ebenso ein jagender Hund oder ein Hund, der Menschen, andere Hunde etc. belästigt. Verantwortungsbewusst zu entscheiden, wo ein Hund welche Freiheiten hat, ist Aufgabe eines umsichtigen Hundehalters. Und weil ein gut erzogener Hund natürlich mehr Freiheiten hat als ein anderer, lohnt sich der Besuch einer guten Hundeschule ;-).

Welche technischen Hilfsmittel (div. Halsbänder etc.) halten Sie in der Hundeerziehung für sinnvoll – und warum?

Ich versuche, technische Hilfsmittel so gering wie möglich zu halten. Im Idealfall brauchen wir gar nichts ;-). In der Regel erachte ich als sinnvoll und benötige es auch: Brustgeschirr und Leine(n), gegebenenfalls in unterschiedlichen Längen (Schleppleinen zwischen 3 und 10 m Länge), in manchen Fällen auch ein breites, weiches Halsband ohne Zug und einen Futterbeutel zum Belohnen. Warum dieses Equipment? Alles, was ich verwende, um den Hund zu führen, wähle ich in Verantwortung für Hund und Halter aus. Dem Hund dürfen damit keine Schmerzen zugefügt werden, der Halter muss in der Lage sein, seinen Hund mit diesem Equipment sicher zu handeln.

Welche technischen Hilfsmittel lehnen Sie ab?

Jegliches Equipment, das dem Hund Schmerzen zufügt oder ihn verängstigt, also beispielsweise Zug- und Würgehalsbänder, Sprühhalsbänder, Schepperbüchsen, Gentle Leader und Ähnliches. All diese Hilfsmittel sind aus meiner Überzeugung tierquälerisch.

Welche ethischen und moralischen Aspekte sollten Menschen beim Umgang mit Hunden und in der Hundeerziehung berücksichtigen?

Hunde sind unsere Schutzbefohlenen und uns auf Gedeih und Verderb ausgeliefert. Der Umgang mit Hunden muss respektvoll, absolut gewaltfrei und unter Rücksichtnahme auf ihre artspezifischen und individuellen Eigenheiten erfolgen. Wenn wir uns Hunde in unser Leben holen, haben wir die

Der Hund soll Hund sein und das tun dürfen, was seiner Art entspricht: laufen, schnüffeln, erkunden, entdecken, sich frei bewegen, Gesellschaft suchen oder sich zurückziehen dürfen etc...

ethische und moralische Verpflichtung, über Hunde zu lernen, uns Wissen anzueignen und auf Basis dieses Wissens mit Hunden umzugehen und sie zu erziehen. Ein kritischer Blick auf empfohlene Methoden und Maßnahmen ist immer angebracht. Wir erwarten von Hunden ständig, dass sie von uns lernen, dass sie wissen, was wir von ihnen erwarten und wollen, und wissen selbst so erstaunlich wenig von und über Hunde. Es ist für mich absolut erschreckend, wie sehr gerade in der letzten Zeit – angeheizt von der „Kampfhundedebatte" – die öffentliche und offizielle Gewaltbereitschaft gegenüber Hunden wieder gestiegen ist. Es wird wieder viel mehr an der Leine geruckt, heimlich das Stachelhalsband oder das Teletak-Gerät ausgepackt (Anmerkung: Beides ist in Österreich gem. Tierschutzgesetz verboten), nur um den Hund „hinzubiegen". Für mich darf der Gradmesser für eine Maßnahme niemals nur die Frage sein, ob sie funktioniert, das wie muss denselben Stellenwert haben. Es kann doch nicht gleichgültig sein, ob ich meinen vierbeinigen Freund mit Stromschlägen traktiere oder ihm etwas über positive Motivation beibringe?!

CHRISTINA SONDERMANN

Geboren 1972

Hundeschule:
www.SPASS-MIT-HUND.de
...keine klassische Hundeschule, sondern ein Internet-Projekt, ergänzt um Angebote vor Ort und unterwegs sowie einige Buchprojekte

Christina Sondermann
Menzelweg 13
D-59872 Meschede
E-Mail: info@spass-mit-hund.de
www.spass-mit-hund.de
Tel.: +49 (0)291 2000 729

Angebote der Hundeschule:

- Beschäftigungsideen und Hundewissen im Internet
- Seminare im In- und Ausland mit den Schwerpunkten: alltagstaugliche Beschäftigungsmöglichkeiten, kreatives Clickertraining, Lernverhalten
- Clickertraining-Online-Fernkurs
- Organisation von Fortbildungen für Hundebesitzer und Hundetrainer mit ausgesuchten Referenten
- Verhaltensberatung und Training im Tierheim Soest

Arbeitet als Trainerin seit:
ca. 1999

Wie sind Sie auf den Hund gekommen?

Der lang gehegte Wunsch nach einem Hund wurde im Alter von elf Jahren nach mehrjährigem ausdauerndem Bearbeiten meiner Eltern endlich erfüllt.

Wie viele Hunde haben Sie und was für welche? Und wie heißen sie?

In unserem Haushalt wohnen

- Birte, meine persönliche Beagle-ine, 10 Jahre alt
- Coda, Border-Collie meines Lebensgefährten, 12 Jahre alt

Haben Sie noch weitere Haustiere? Falls ja, welche und wie viele?

Unsere tierischen Plätze sind durch die Hunde voll belegt. Daneben erfreuen uns die Besucher und Bewohner von Vogel- und Insektenhäusern in unserem Garten.

Mit wie vielen Hunden haben Sie bisher zusammen gelebt?

Mit insgesamt fünf.

Warum sind Sie Hundetrainerin geworden?

Das war so nie beabsichtigt. Ich war 1997 gerade Stadtplanerin geworden, da trat Asta in mein Leben, eine ehemalige Laborbeagle-Dame. Asta brauchte zum einen „etwas mehr" Unterstützung für ihren Neustart – und war zum anderen so klug, gegenüber jeglichen althergebrachten Trainingsmethoden die Kooperation einzustellen. Für sie habe ich angefangen, Seminare zu besuchen und Bücher zu verschlingen. Mit der Begeisterung, das erworbene Wissen und meine Erfahrungen rund um einen freundlichen, entspannten und „verspielten" Umgang mit dem Hund weiterzugeben, nahmen die Dinge ihren Lauf...

Was finden Sie an diesem Beruf am schwierigsten/ anstrengendsten?

Die größte Herausforderung: Nicht nur die Hunde zu begeistern, sondern auch die Menschen mit ins Boot zu holen.

Und was am schönsten?

Zu lachenden Gesichtern und wedelnden Schwänzen, zu verbesserten Beziehungen und zur Freude am Miteinander beitragen zu dürfen.

Welche Mindestvoraussetzungen sollten Ihrer Meinung nach erfüllt werden, wenn man als Trainer arbeiten möchte?

Respekt vor Mensch und Tier, Geduld und Freundlichkeit, Wissbegier und Freude am lebenslangen Lernen, Wissen um die eigenen Grenzen – und ein solides Know-how an Grundlagenwissen, Trainingstechniken und praktischer Trainingserfahrung mit verschiedenen Hunden.

Wie lautet Ihre Trainingsphilosophie?

Als Spiele-Spezialistin halte ich es mit Walt Disney: „Ich ziehe es vor, Leute mit Spaß zu unterhalten, in der Hoffnung, dass sie etwas lernen, statt ihnen etwas beibringen zu wollen, in der Hoffnung, dass es ihnen Spaß macht."

Für mich außerdem ganz wichtig: ein freundlicher, respektvoller Umgang mit Hund und Mensch. „Was du nicht willst, was man dir tu, das füg auch keinem anderen zu."

Wie haben sich Ihr Leben und Ihr persönliches Umfeld verändert, seit Sie mit Hunden arbeiten?

Was ich dazu gewonnen habe: ein abwechslungsreiches, erfüllendes Berufsleben – inspirierende Begegnungen mit interessanten vier- und zweibeinigen Persönlichkeiten – mehr Reisen.

Was ist Ihnen in der Mensch-Hund-Beziehung am wichtigsten?

Gegenseitiges Vertrauen und Freude am Miteinander.

Wenn Sie ein Hund wären, was für einer wären Sie?

Vielleicht ein Beagle: unabhängig, lebensfroh, stets gut gelaunt, ein Genusshund, beharrlich und ausdauernd im Erreichen der persönlichen Ziele…

Ihr Lebensmotto

Zünde lieber ein Licht an, als über die Dunkelheit zu meckern!

INTERVIEW:

Was verstehen Sie unter einem Rudel?

Die Definition im guten alten Duden bringt es auf den Punkt: „Gruppe wild lebender Säugetiere der gleichen Art [die sich für eine bestimmte Zeit zusammengeschlossen haben]“. Wölfe leben in einem Rudel – unsere Haushunde nicht. Es erscheint plausibel, dass die „ursprünglichen Hunde“, aus denen sich unsere domestizierten Haushunde entwickelt haben, als Dorfhunde am Rande der menschlichen Siedlungen lebten und sich von dem ernährten, was die Menschen wegwarfen. Als soziale Lebewesen waren diese Hunde zwar fähig, gemeinsam mit anderen Individuen zusammen zu leben, sie brauchten jedoch keine soziale Organisation, um Nahrung zu finden. Es ist naheliegend, dass allenfalls eine Mutter mit ihrem Nachwuchs als Kleingruppe im Bereich ein und derselben „Müllkippe“ lebte.

Glauben Sie, dass die Verhaltensmuster, die Hunde untereinander in einem Hunderudel zeigen, auf die Mensch-Hund-Beziehung übertragbar sind?

Zur Rudelbegrifflichkeit siehe oben. Als Beurteilungsmaßstab würde ich somit eher harmonierende, eingespielte kleinere Hundegruppen betrachten, die in „Mehrhundehaushalten“ unter menschlicher Obhut leben. Erwähnenswert – und auch übertragbar auf eine gelungene Hund-Mensch-Beziehung – erscheinen mir besonders die folgenden Aspekte:

- Es geht recht ruhig und entspannt zu. Wie für soziale Tiere typisch, spielt Konfliktvermeidung eine starke Rolle. Ein abgestuftes Kommunikationssystem hilft dabei, zu verhindern, dass Situationen eskalieren. Je vertrauter die Tiere dabei sind, umso feiner sind die ausgesandten Signale.

- Gemeinsames Tun ist wichtig – und Stimmungsübertragung funktioniert gut: gemeinsam liegen und ruhen – gemeinsam die Welt entdecken und erkunden – oder auch sich gemeinsam aufregen, wenn der Lieblingsfeind in Sicht kommt...

Welche Bedeutung hat für Sie die Rangordnung innerhalb einer Hundegruppe?

A > B > C: So einfach ist das Zusammenleben unter sozialen Lebewesen schlichtweg nicht. Die Unzulänglichkeit von Rangordnungsmodellen zur Erklärung von Tierverhalten wird erst recht deutlich, wenn man ihre Entstehungshistorie kennt: Sie kamen zu einer Zeit auf, als militärische Hierarchien die Gesellschaft stark prägten

In einer Hundegruppe in menschlicher Obhut ist es mir wichtig, dass jedes Mitglied lernt, sich „höflich" zu verhalten. Dazu gehört beispielsweise ein gewisses Maß an Frustrationstoleranz: dass jedes Gruppenmitglied es aushalten kann, wenn ein anderes Gruppenmitglied eher Zuwendung oder Futter erhält als man selbst.

Den früher in der Hunde-Erziehung oftmals propagierten Ansatz, das vermeintlich „ranghöchste Tier" (was nicht selten deshalb als „ranghoch" eingestuft wurde, weil es seine Interessen besonders rabiat durchzusetzen wusste) durch bevorzugte Behandlung zu stärken, halte ich für problematisch. So entwickeln sich allenfalls vierbeinige Tyrannen.

Gibt es in Hundegruppen Alphatiere?

Die Frage ist: Was sind denn überhaupt „Alphatiere"? Selbst vom Wolfsrudel, das man lange Zeit als Erklärungsmodell für hündisches Verhalten herangezogen hat, weiß man mittlerweile, dass die vermeintlichen „Alphatiere", also die Anführer des Rudels, schlichtweg die Elterntiere sind. Und die verhalten sich wie alle guten Eltern gegenüber ihrem Nachwuchs: tolerant, freundlich, gelassen und fürsorglich. Da Rudelbegrifflichkeit und Rangordnungskonzepte für den Hund nicht wirklich relevant sind, ist meines Erachtens auch der Begriff des „Alphatiers" unpassend.

Wie definieren Sie „Dominanz"?

...in Bezug auf die Hundeerziehung zunächst einmal als ein echtes „Unwort". Veraltete Dominanz- und Rangordnungskonzepte, nach denen es quasi im Wesen des Hundes liegt, ständig um den Chefsessel zu kämpfen, sind nach wie vor in der Hundeszene präsent – und werden teils immer noch als Universal-Erklärungsansatz für Problemverhalten verschiedenster Art herangezogen. „Mein Hund hat ein Dominanzproblem" – kaum eine Diagnose, die so schwammig ist und den Blick auf das tatsächliche Problem verstellt. Gemeint kann sein: „Er hat ein Problem mit Artgenossen". „Er reagiert in bestimmten Situationen aggressiv gegenüber Menschen". „Er zieht an der Leine" oder auch „Er mag es nicht, wenn wir ohne ihn weggehen" und so weiter und so fort. Die Therapie vermeintlichen „Dominanzverhaltens" führt nicht selten zu übermäßiger Härte, Entzug von Zuwendung und vor allem zur Verärgerung gegenüber dem derart „unverschämten" und „anmaßenden" Hund.

Dabei ist „Dominanz", rein wissenschaftlich betrachtet, keinesfalls eine Charaktereigenschaft, sondern immer beziehungsspezifisch und zeit- und situationsabhängig. Mit dem Begriff der „Dominanz" wird – vereinfacht gesagt – schlichtweg beschrieben, wer wem in welcher Situation überlegen ist bzw. sich durchsetzen kann: Wenn Fido beispielsweise Wauzi den Ball wegnimmt, und Wauzi lässt das zu, dann ist Fido in dem Moment und in dieser speziellen Situation dominant (überlegen/durchsetzungsstark) über Wauzi. Wenn es darum geht, Besuch zu begrüßen, dann drängelt sich Wauzi immer als erster durch die Tür, wäre also in diesem Moment und in dieser Situation dominant (überlegen/ durchsetzungsstark) über Fido usw.

Haben alle Hunde das Bedürfnis andere Mitglieder ihrer sozialen Gruppe zu dominieren?

Das Bild eines ständig „nach oben“ strebenden, um Vormachtstellung kämpfenden Hundes gilt mittlerweile längst als überholt. Hunde sind nicht zuletzt deshalb so erfolgreich als Haustiere, weil sie so anpassungsfähig sind und sich in ihre soziale Gruppe – das ist in erster Linie die Menschenfamilie – gut einfügen. Als soziale Tiere sind sie zudem Spezialisten darin, Konflikte zu vermeiden. Natürlich streben wie alle Lebewesen – uns Menschen inbegriffen – auch Hunde danach, Angenehmes zu erleben und Unangenehmes zu vermeiden und verstehen es, Situationen zu ihrem Vorteil zu nutzen.

Die meisten Menschen sind nicht in der Lage, die Kommunikationsmittel der Hunde (körper- oder lautsprachlich) zu verstehen. Das Erkennen welcher Kommunikationsmittel der Hunde halten Sie für besonders wichtig?

Meines Erachtens sind viele Hundebesitzer durchaus in der Lage, deutliche „Grundstimmungen“ des Hundes zu erkennen: wenn der Hund sich ersichtlich freut, wenn er deutlich Angst zeigt, wenn er sich aggressiv verhält. Die vielen „leisen Töne“ dazwischen werden von vielen Menschen jedoch nicht erkannt. Ich finde: Gerade das Wissen um die so genannten calming signals/ Beschwichtigungssignale öffnet für viele Hundebesitzer ganze Tore zur Hundewelt und trägt – durch das bessere Verstehen des Hundes – zu einer noch qualitätsvolleren Beziehung bei. Ganz besonders im Kontext der „Gefahrenvermeidung“, indem anbahnende Konflikte frühzeitig erkannt und rechtzeitig entschärft werden können, halte ich das Verstehen der calming signals/ Beschwichtigungssignale für besonders wertvoll.

Halten Sie es für sinnvoll, Kommunikationsmittel des Hundes (z. B. das Knurren) zu unterbinden?

Ich halte das sogar für ausgesprochen schädlich. Je mehr und offener der Hund kommuniziert, desto wertvoller ist mir das. Ich kann so aus ihm „lesen“ und abschätzen, wie er sich fühlt und was er vermutlich als Nächstes tun wird – und aus Trainersicht auch, in welchen Bereichen Handlungsbedarf besteht.

Speziell zum Thema Knurren: Es gibt kaum etwas Gefährlicheres als einen Hund, der nicht (mehr) knurrt. Wohl jeder Trainer kennt Fälle von Hunden, denen das Knurren mittels Strafe „abgewöhnt“ wurde – und die deshalb scheinbar „ohne Vorwarnung“ auf der Eskalationsleiter gleich nach oben schnellen. Das kann im schlimmsten Fall bedeuten: Sie warnen nicht mehr vor (so dass noch die Chance bestünde, die Situation zu entschärfen), sondern beißen direkt zu.

Welche Punkte erachten Sie in der Hundeausbildung/Hundeerziehung als besonders wichtig?

Was mir besonders wichtig ist:

- Freundlichkeit und Fairness – gegenüber Hund und Mensch,
- ein Lernklima, in dem Hund und Mensch mit Begeisterung lernen,
- Wissen, das verständlich vermittelt wird und Trainingsziele, die für das jeweilige Hund-Mensch-Team realistisch sind,
- ein Training, das auf Alltagstauglichkeit – und nicht primär auf bestimmte Prüfungsordnungen – ausgelegt ist,
- dass Menschen lernen, wie Hunde ticken,
- Konsequenz,
- grundsätzlich: nicht nur das Ergebnis zu sehen, sondern stets im Blick zu behalten, wie sich das Training auf die Hund-Mensch-Beziehung und auf die psychische Gesundheit des Hundes auswirkt
- Weiterbildung für Hundetrainer

Haben Sie eine spezielle Methode, nach der Sie Hunde ausbilden bzw. wie Sie das Hundeverhalten beeinflussen?

Wichtige Bausteine sind für mich:

- Erwünschtes bestärken: An allererster Stelle steht für mich, den Fokus auf das erwünschte Verhalten zu legen und dies für den Hund klar verständlich zu „markieren" und zu belohnen. Das Motto „Erwische den Hund, wenn er etwas richtig macht" gilt dabei nicht nur für gezielte Trainingseinheiten, sondern generell im Alltag. Das Resultat: ein Hund, der schnell alltagstauglich wird und der verinnerlicht, dass sich erwünschtes Verhalten zu jeder Zeit lohnen kann!
- Management: Ob sich ein Hund perfekt oder katastrophal verhält, hat viel damit zu tun, wie er „geführt" wird bzw. welchen Situationen er ausgesetzt wird. Nach dem Motto „Vorbeugen ist besser als Heilen" sorge ich dafür, dass der Hund so wenig wie möglich Gelegenheit hat, unerwünschtes Verhalten regelrecht einzuüben.
- Alternativverhalten: „Was kann mein Hund stattdessen tun?" ist die zentrale Frage im Umgang mit unerwünschtem Verhalten. Mit dem Hund wird ein Verhalten trainiert, das mit dem unerwünschten Verhalten unvereinbar ist (Beispiel: wer Besucher sitzend begrüßt, springt nicht an; wer sehr gut abrufbar ist, geht nicht alleine auf die Jagd etc.).
- Gefühlslagen ändern/ Gegenkonditionierung: besonders relevant bei Verhaltensproblemen. Ändert sich die Gefühlslage (z. B.: aus Angst wird Freude, aus Ärger wird Gelassenheit), verschwindet häufig auch das Problemverhalten.
- ...und last but not least: „KISS: Keep it small and simple": Je einfacher, desto besser!

Ist die positive Verstärkung eine nachhaltig wirkende Möglichkeit, Hunde zu erziehen bzw. auszubilden?

Meiner Erfahrung nach die bevorzugte:

- es funktioniert gut,
- es ist viel wirkungsvoller, miteinander auf ein gemeinsames Ziel hinzuarbeiten, als gegeneinander zu arbeiten,
- die Hunde sind kooperativ,
- freudvolles Lernen ohne Angst ist möglich,
- die Hund-Mensch-Beziehung wird gefördert,
- die psychische Gesundheit des Hundes nimmt keinen Schaden.

Ist die negative Verstärkung* eine nachhaltig wirkende Möglichkeit, Hunde zu erziehen bzw. auszubilden?

Ein unerwünschtes Verhalten zu bestrafen, ist zunächst einmal menschlich. Die eigene Verärgerung bekommt ein Ventil, und meist verschwindet das unerwünschte Verhalten – zumindest für den Moment. Das ist aus menschlicher Sicht enorm bestärkend. Das hohe Risiko von Nebenwirkungen und Spätfolgen ist vielen Hundebesitzern gar nicht bewusst: Stress, Angst vor der Bezugsperson, Angst vor dem Training, Vertrauensverlust, Fehlverknüpfungen... Dazu kommen die „technischen Probleme" einer korrekten Bestrafung (Erfordernis perfekten Timings, Wahl der richtigen Dosierung etc.). Die Gefahr besteht, dass allenfalls Symptome kuriert werden, aber keine Ursachen beseitigt werden – und dass schlimmstenfalls sogar neue Probleme erst entstehen.

**Anmerkung: gemeint sind vermutlich sowohl die „negative Verstärkung" (etwas Unangenehmes wird weggenommen, das erwünschte Verhalten wird mehr) als auch die „positive Bestrafung" (etwas Unangenehmes wird hinzugefügt, das unerwünschte Verhalten wird weniger)?*

Auch aus ethischen Gründen lehne ich es ab, Bestrafung (bzw. lerntheoretisch korrekt: „positive Bestrafung“ und ggf. auch „negative Verstärkung“) gezielt einzusetzen: „Ich tue, was du willst, wenn du mir nicht weh tust“ – das ist für mich keine Basis für eine Zusammenarbeit oder sogar ein Zusammenleben. Ich denke, die wenigsten Hundebesitzer wollen das. Kundige Trainer mit viel Wissen können dabei helfen, es „anders“ zu machen – als Basis für psychisch gesunde, lebensfrohe Hunde.

Welche Abbruchsignale halten Sie für sinnvoll?

Mir begegnen ständig Hunde, die mit Nachnamen „Nein!“ oder „Lass es!“ heißen – und deren Zusammenleben mit ihren Menschen durch Abbruchsignale (die dabei häufig inflationär und wenig wirkungsvoll eingesetzt werden) regelrecht geprägt zu sein scheint. Das ist für beide Seiten – Hund wie Mensch – letztendlich sehr nervig und anstrengend. Der Mensch ärgert sich über seinen Hund, für den Hund wird der Mensch zur ständigen Spaßbremse oder sogar zum Stressor. Und: Aus Hundesicht ist der Lerneffekt gering, denn das Abbruchsignal allein liefert keinerlei Information, was denn anstelle des unerwünschten Verhaltens zu tun ist.

Mein Hauptaugenmerk liegt deshalb darauf, die Hundebesitzer zu einem Perspektivwechsel zu motivieren: sich insbesondere zu überlegen, welches Verhalten der Hund „stattdessen“ ausüben könnte und sich auf das Training dieses erwünschten Verhaltens zu fokussieren. Beispiele: weitergehen oder sich abwenden statt Unrat fressen, herbeikommen statt Hasen jagen, sich setzen statt Besuch anspringen, auf den Liegeplatz gehen statt bei Tisch betteln und so weiter. Angenehme Nebeneffekte des Trainings: wenn es gut gemacht ist, sind Hund und Mensch motiviert dabei, die Beziehung entspannt und verbessert sich, der Hund wird immer besser ansprechbar und trainierbar – und als Ergebnis glänzt der Mensch mit einem gut erzogenen Hund. Die Folge: Die Situationen, in denen Abbruchsignale noch nötig sind, gehen gegen Null.

Für nützlich und sinnvoll erachte ich in bestimmten Situationen No-Reward-Marker:

- ein „Vergiss es“ oder „Jetzt nicht“ als Signal dafür, dass ein vom Hund gezeigtes aufmerksamkeitsheischendes Verhalten (aufforderndes Bellen, Winseln, Anstupsen, Bepföteln, Kratzen an der Tür, Betteln bei Tisch usw.) jetzt keine Chance auf Beachtung und Erfolg hat.
- ggf. ein „Schade“ für „dafür jetzt keine Belohnung“ (Beispiel: Hund steht im Training verfrüht aus dem „sitz“ auf, wobei das Hauptaugenmerk darauf liegen sollte, dass die Anforderungen immer so sind, dass der Hund sie erfüllen kann).

Immer wieder ist der Begriff „Konsequenz“ in der Hundeausbildung zu hören. Was bedeutet dieser Begriff für Sie?

Konsequenz ist für mich das A & O jeder guten Erziehung. Was ich darunter verstehe: Ich stelle bestimmte Regeln oder Ziele für das Training und für das Zusammenleben auf. Diese haben Bestand und ich sorge dafür, dass sie eingehalten werden können. Was ich heute zulasse, gilt auch Morgen, und was heute nicht erwünscht ist, ist auch Morgen unerwünscht. Sich so zu verhalten, schafft Vorhersehbarkeit, Klarheit und Sicherheit. Und: Es lehrt den Hund gleichzeitig, Grenzen zu akzeptieren.

Dabei wichtig: Lange Zeit schien die Begrifflichkeit der „Konsequenz“ in der Hundeausbildung mehr oder weniger als Synonym für „mit harter Hand“ benutzt zu werden („da müssen Sie sich jetzt konsequent durchsetzen“). Dabei hat Konsequenz nichts mit Härte zu tun – eher mit viel Selbstdisziplin: Ich halte mich zuverlässig an das, was ich mir vorgenommen habe.

Angenehme Nebeneffekte eines gut aufgebauten Trainings: Hund und Mensch sind motiviert bei der Sache, die Beziehung entspannt und verbessert sich, der Hund wird immer besser ansprechbar und trainierbar.

Wie und ab wann kann und sollte man mit der Ausbildung/ Erziehung bei Welpen beginnen?

Die Natur hat dafür gesorgt, dass das „Tor zum Lernen" bei jungen Lebewesen ganz weit offen steht. Gelernt wird ständig, begierig und besonders in der Welpenzeit extrem schnell. Es wäre eine Schande, das nicht zu nutzen. Gute Züchter legen bereits in den ersten Wochen eine solide Grundlage für die spätere Alltagstauglichkeit: indem sie beispielsweise den Welpen Möglichkeiten zu vielen kleinen Abenteuern bieten, sie mit alltäglichen Dingen wie Brustgeschirr/ Halsband oder kleineren Prozeduren der Körperpflege (Bürsten, Abtrocknen usw.) vertraut machen, ihnen bereits ein Herbeikommsignal beibringen oder ein Markersignal konditionieren. Der Hundebesitzer kann dann nach der Übernahme des Welpen sofort daran anknüpfen. Da, wo die Erziehung so stattfindet, wie gute Erziehung sein sollte – nämlich in einem spielerischen Lernklima – kann gar nicht früh genug damit begonnen werden. Vor allem gilt es, den Alltag zu nutzen – und nicht nur spezielle Trainingseinheiten: belohnen, was erwünscht ist und vorbeugend dafür sorgen, dass der Welpe wenig Gelegenheit hat, Fehler zu machen und sich „Unarten" anzugewöhnen.

Hunde sind bekanntermaßen soziale Lebewesen. In welchem Umfang muss ich meinem Hund Kontakt zu Artgenossen bieten?

Durch ihre Domestikation sind unsere Hunde Mitglied menschlicher Sozialverbände. Viele Hunde scheinen sogar das Zusammensein mit Menschen dem Zusammensein mit Artgenossen vorzuziehen. Trotzdem profitieren Hunde meines Erachtens davon, wenn sie regelmäßig – möglichst täglich – Kontakt zu Artgenossen, also zu anderen „Muttersprachlern", haben. Das muss aber nicht zwingend der Zweit- oder Dritthund sein. Und: „Kontakt" ist auch nicht automatisch gleichzusetzen mit „Toben" oder „wildem Spiel". Freundliche Begrüßungen auf dem Spaziergang, gemeinsame Schnüffelspaziergänge oder sogar gemeinsames Entspannen und Kontaktliegen mit Hundefreunden sind mindestens genauso wertvoll.

Was verstehen Sie unter „Freiheiten" eines Haushundes (frei in der Wohnung bewegen, Freilauf etc.) und wie viele Freiheiten soll man Ihrer Meinung nach einem Hund zugestehen?

„Freiheiten eines Haushundes" – ein Brainstorming:

- nicht den ganzen Tag – oder den ganzen Spaziergang – „unter Kommando" stehen,
- keine Überreglementierung,
- kein „Vollzeitprogramm" (Hundetraining, Hundesport, Einsatz in der Familie), sondern genügend Zeit zum Ruhen und Entspannen,
- erkunden dürfen – auf dem Spaziergang im Freilauf oder an langer Leine,
- Freiheit, zwischen verschiedenen möglichen Aufenthaltsorten/ Liegeplätzen etc. wählen zu dürfen,
- Wahlmöglichkeiten zwischen „dabei sein dürfen" und (akzeptiertem und ungestörtem) „Rückzug",
- nicht zu jeder Zeit und von jedem fremden Menschen „angrapschbar" sein müssen,
- generell „Hund" sein dürfen: dazu gehören, dass die Bedürfnisse des Hundes erkannt und beachtet werden.

Welche technischen Hilfsmittel (div. Halsbänder etc.) halten Sie in der Hundeerziehung für sinnvoll – und warum?

Die folgenden Hilfsmittel halte ich für sinnvoll und setze sie regelmäßig ein:

- Brustgeschirr, weil es den empfindlichen Hals- und Kehlkopfbereich schont,
- lange Leine (drei Meter oder mehr), die genügend Bewegungsradius ermöglicht,
- Futter, weil es die meisten Hunde zur Mitarbeit motiviert, gut zu überreichen ist und den Trainingsfluss kaum unterbricht,

- ggf. das Lieblingsspielzeug des Hundes (mit Bedacht eingesetzt, damit es den spielzeugbegeisterten Hund nicht zu sehr hochfährt),
- Gürteltasche, Futtertasche oder Ähnliches, damit Futter und anderes Zubehör schnell griffbereit sind,
- Clicker oder anderes Markersignal, damit der Hund präzise darüber informiert werden kann, welches Verhalten belohnt wird,
- ggf. Hundepfeife als gut zu konditionierendes Abrufsignal/ Supersignal.

Welche technischen Hilfsmittel lehnen Sie ab?

Ich lehne gleichermaßen „Erziehungshilfen" als auch Maßnahmen ab, die dem Hund Angst und/ oder Schmerzen zufügen, insbesondere: Reizstromgeräte, Stachelhalsbänder, Sprühhalsbänder/ Wasserspritzen, Zughalsbänder, Erziehungsgeschirre (Geschirre mit Zugwirkung unter den Achseln, „Legleader" etc.), Wurfketten, „Rappeldosen", Discs, außerdem selbstverständlich Leinenrucks, Schläge, Tritte, sonstige körperliche Übergriffe (Nackenschütteln, „Alphawurf" etc.), Anschreien und Bedrohen des Hundes.

Welche ethischen und moralischen Aspekte sollten Menschen beim Umgang mit Hunden und in der Hundeerziehung berücksichtigen?

Salopp formuliert: „Was du nicht willst, das man dir tu', das füg auch keinem anderen zu". Natürlich sind Hunde keine bepelzten Menschen. Aber: Wir alle sind soziale Säugetiere, mit grundlegend ähnlich strukturierten Gehirnstrukturen und ähnlicher Gehirnchemie. Wissenschaft und Forschung liefern in letzter Zeit deutliche Hinweise darauf, dass wir Menschen deshalb auch einen großen Teil unseres Gefühlslebens mit anderen Säugetieren teilen – Hunde inbegriffen. Je „primitiver" und ursprünglicher das Gefühl, umso ähnlicher das Empfinden. Das gilt besonders für Grundgefühle wie Angst, Wut, Glück und Freude.

Wir Menschen haben die Fähigkeit, uns in andere Lebewesen hineinzuversetzen und im wahrsten Sinne des Wortes mitzufühlen. Gerade wenn es um die gemeinsamen Basisgefühle geht, sollten wir von dieser Fähigkeit mehr Gebrauch machen – beispielsweise bei der Wahl von Erziehungsmethoden („Wie fühlt es sich an, ständig in Angst und Schrecken leben zu müssen?").

Die Fähigkeit, uns in andere Lebewesen hineinzuversetzen, sollten wir Zweibeiner auch dann nutzen, wenn es um die „kulturellen Unterschiede" zwischen den Spezies Hund und Mensch – also zwischen Primaten und Kaniden – geht. Ich würde mir wünschen, dass

- Respekt vor der Andersartigkeit,
- das Erkennen und Berücksichtigen spezieller Eigenheiten und Bedürfnisse
- und der Wille und die Fähigkeit, „Sprache" und Ausdrucksverhalten einer anderen Art zu verstehen

noch mehr den Umgang mit unseren Hunden prägen.

JÖRG TSCHENTSCHER

Geboren 1967

Hundeschule:

Tierpsychologie Jörg Tschentscher
Niederrhein Str. 124
D-40474 Düsseldorf
E-Mail: office@hundesprache.net
www.tierpsychologie-tschentscher.de
www.hundesprache.net
Mobil: +49 (0)172 26 34 525

Angebote der Hundeschule:

- Verhaltenstraining
- Beurteilung von Hundeverhalten für deren Halter, Versicherungen, Vermieter, Medien etc.
- Abnahme des Sachkundenachweis NRW
- Begegnungstraining
- Nasenarbeit
- Erziehung zur Alltagstauglichkeit
- Beschäftigung

Arbeitet als Trainer seit:

1999

Wie sind Sie auf den Hund gekommen?

Hunde gehörten schon immer zu meinem Umfeld. Da war es nur eine logische Konsequenz, dass irgendwann der erste Vierbeiner einzog...

Wie viele Hunde haben Sie und was für welche? Und wie heißen sie?

Ich habe zwei Hunde, eine Eurasier Laika Mixhündin, Lena und einen Eurasierrüden Pablo, beide sind jetzt 11 Jahre alt.

Haben Sie noch weitere Haustiere? Falls ja, welche und wie viele?

Keine.

Mit wie vielen Hunden haben Sie bisher zusammen gelebt?

Zu meinen beiden hatte ich in den Jahren noch drei Hunde, also insgesamt fünf.

Warum sind Sie Hundetrainer geworden?

Weil es wahnsinnig viel Spaß macht, mit Mensch und Hund zu arbeiten. Hundeverhalten ist etwas wahnsinnig Vielfältiges, da gibt's immer etwas Neues zu entdecken.

Was finden Sie an diesem Beruf am schwierigsten/ anstrengendsten?

Am schwierigsten finde ich die alten Vorurteile im Bereich der Hundeerziehung (z. B. Stachelhalsband etc.) zu entkräften und die Hundehalter für neue Stile zu begeistern. Die alten Meinungen sind oft extrem etabliert und bekommen immer noch neue Nahrung. Deshalb setzen wir im Training auch nur Geschirre ein. Einfach um zu zeigen, dass es damit auch geht, und um den alten Strukturen nach Möglichkeit keinen Platz mehr zu lassen.

Und was am schönsten?

Wenn der Mensch mit oder über seinen Hund lacht und der Hund sichtlich glücklich ist. Das können aktive Momente wie Spielsequenzen, aber auch ruhige Momente z. B. beim Groomen sein

Welche Mindestvoraussetzungen sollten Ihrer Meinung nach erfüllt werden, wenn man als Trainer arbeiten möchte?

Eine fundierte, standardisierte und länger andauernde Ausbildung über mindestens ein Jahr mit Abschlussprüfung, dazu eine Verpflichtung zur regelmäßigen Fortbildung, deren Teilnahme auch nachgewiesen werden sollte.

Wie lautet Ihre Trainingsphilosophie?

Sehr genau analysieren, wo das Problem liegt und dann ist Austricksen besser als Strafe. Ich finde es immer wieder toll, wenn ich sehe, wie Hunde statt ihrem etablierten Verhalten, z. B. Bellen, angeregt werden, stattdessen etwas anderes, z. B. den Besitzer anschauen, zu zeigen und sich dann freuen, weil's dem Menschen gefällt und er ihnen diese Freude auch zeigt – und sie somit ihr Verhalten ändern.

Wie haben sich Ihr Leben und Ihr persönliches Umfeld verändert, seit Sie mit Hunden arbeiten?

Für mich ist es wichtig, geerdet zu sein. Ich selbst zu sein. Meine Hunde gehören dazu. Natürlich hat sich das Leben verändert, das ist normal. Aber ob und wie es sich durch die Arbeit mit Hunden verändert hat, kann ich nicht beurteilen. Ich weiß ja nicht, wie es sich ohne Hunde entwickelt hätte...

Was ist Ihnen in der Mensch-Hund-Beziehung am wichtigsten?

Dass der Hund so angenommen wird, wie er ist: Mit seinen biologischen Gegebenheiten, seinem individuellen Wesen und seiner Art sich mitzuteilen. Dass von ihm nichts verlangt wird, was er nicht leisten kann, und dass ihm mit Respekt begegnet wird.

Wenn Sie ein Hund wären, was für einer wären Sie?

Eine spannende Frage. Ehrlich, ich weiß es nicht, viele Hunde haben Eigenschaften, die mir gefallen. Bei dem einen ist's die Optik, bei einem das Wesen, beim dritten der Umgang mit anderen etc. Wenn ich mir nur das Beste von allen wünschen würde, wäre ich der perfekte Hund – aus meiner Sicht. Die meisten Menschen wünschen sich von allem das Beste, um dann „perfekt“ zu sein. Meist sind es irgendwelche Attribute, die uns erstrebenswert erscheinen, die uns inspirieren, wie wir sein wollen. Aber das sind nur Attribute, die ihren Wert aus der Bewertung ziehen. Darauf möchte ich mein Leben nicht aufbauen. Ich glaube, ich wäre gerne ein Hund, der oft glücklich ist, der mitten im Leben steht und schöne Situationen genießen kann.

Ihr Lebensmotto

Um klar zu sehen, genügt oft ein Wechsel der Blickrichtung.
(Antoine de Saint-Exupéry)

INTERVIEW:

Was verstehen Sie unter einem Rudel?

Eine Gruppe von Tieren der gleichen Art, die gemeinsam lebt.

Glauben Sie, dass die Verhaltensmuster, die Hunde untereinander in einem Hunderudel zeigen, auf die Mensch-Hund-Beziehung übertragbar sind?

Bedingt. Hunde sind Hunde und verständigen sich mit anderen Hunden. Wir wissen z. B., dass vieles der Hund-Hund-Kommunikation über Gestik und Mimik erfolgt. Es wird aber auch olfaktorisch kommuniziert. Eine Welt, die sich für uns Menschen überhaupt nicht erschließt. Wir wissen eigentlich viel zu wenig über die Kommunikation der Hunde untereinander... z. B. finde ich die Frage „Wie reden sich Hunde eigentlich an, haben sie Namen?“ wahnsinnig spannend. Zugegeben eine Frage, die nicht zu beantworten ist. Aber ich bin mir sicher, dass Hunde auch nonverbal – auf welcher Basis auch immer – untereinander kommunizieren. Die Kommunikation und somit auch die Verhaltensmuster sind ja auch immer abhängig von dem, was der andere versteht. Und wir Menschen sind da manchmal echt keine Leuchten. Ich denke, dass sich in den letzten 14.000 Jahren eine gemeinsame und vor allem stark (sowohl vom jeweiligen Menschen als auch von seinem Hund) individuelle Form des gemeinsamen Umgangs entwickelt hat und sich auch immer wieder neu entwickelt.

Welche Bedeutung hat für Sie die Rangordnung innerhalb einer Hundegruppe?

Eine sehr wichtige, Hunde sind nun mal keine Demokraten.

Gibt es in Hundegruppen Alphatiere?

Der Begriff ist für mich einem Rudel vorbehalten. Die Hundegruppen, wie wir sie antreffen, sind ja

Ich finde die Frage „Wie reden sich Hunde eigentlich an, haben sie Namen?“ wahnsinnig spannend.

Feierabend-Gassi-Geh-Gemeinschaften, in denen sich auch oft die Zusammensetzung ändert.

Wie definieren Sie „Dominanz"?

Dominanz ist eine situative einschränkende Verhaltenskontrolle. Und ein viel zu häufig pauschal und falsch benutzter Begriff.

Haben alle Hunde das Bedürfnis andere Mitglieder ihrer sozialen Gruppe zu dominieren?

Das ist ziemlich individuell, es gibt Hunde, die narzistische Züge zeigen und bestimmt das Bedürfnis haben. Aber auch hier kann und sollte man meiner Meinung nach nicht pauschalisieren.

Die meisten Menschen sind nicht in der Lage, die Kommunikationsmittel der Hunde (körper- oder lautsprachlich) zu verstehen. Das Erkennen welcher Kommunikationsmittel der Hunde halten Sie für besonders wichtig?

Ganz klar alle Formen der Rutenbewegung, nicht jeder, der wedelt, ist freundlich, die Ohrenhaltung und natürlich die Lautäußerung von Bellarten bis hin zum Knurren. Ich achte beim Verhaltenstraining stark darauf, dass der Mensch wieder ein Gespür für den Hund kriegt. Ihn wieder beobachtet und auch wieder ein Bauchgefühl entwickelt. Nur wenn ich (m)einen Hund oft beobachte, erkenne ich auch die Feinheiten, erkenne Stimmungen.

Halten Sie es für sinnvoll, Kommunikationsmittel des Hundes (z. B. das Knurren) zu unterbinden?

Ein ganz klares NEIN! Gerade Knurren ist ein wichtiger Bestandteil der Kommunikation und verhindert Beißunfälle. Wenn ein Hund eine Situation erlebt, die er als bedrohlich empfindet und er auch nicht ausweichen kann, wird er – sofern er „normal" aufgewachsen und sozialisiert ist – knurren. Das schafft Abstand zur Bedrohung und verhindert dadurch Unfälle. Verbiete ich dem Hund aber das Knurren, empfindet er die Situation als genauso ausweglos und wird dann ggf. direkt beißen. Einer Studie zufolge erkennen selbst Säuglinge schon „zähnefletschende" und knurrende Hunde und meiden diese. Das sagt schon viel aus.

Welche Punkte erachten Sie in der Hundeausbildung/ Hundeerziehung als besonders wichtig?

Der Hund ist ein Sozialpartner, er hat nur uns. Er vertraut uns und ist von uns abhängig. Wir müssen ihn an unsere Lebensbedingungen und an unsere Umwelt gewöhnen und er soll sich bei uns wohl fühlen. Also sollte die Ausbildung so orientiert sein, dass ich nur Signale verwende, die der Hund instinktiv versteht, und Lernprogramme so aufbaue, dass er gerne lernt. Konsequenz ist dabei unabdingbar, Härte oder der Einsatz von Stachel-, Würge-, Ketten-, Spray- oder sonstigen Halsbändern völlig unnötig. Wir arbeiten deshalb nur mit Geschirren. So muss der Mensch den Hund führen (über Gestik, Mimik, Körpersprache) und er muss lernen, seine Signale zu vermitteln. Das Training muss sich immer an den örtlichen und individuellen Bedürfnissen orientieren. Ein Hund im Großstadtdschungel muss schnell lernen, mit dem Verkehr klarzukommen, ein Hund in einer wildreichen ländlichen Umgebung braucht vielleicht eher ein Abruf- und Radius einschränkendes Training.

Haben Sie eine spezielle Methode, nach der Sie Hunde ausbilden bzw. wie Sie das Hundeverhalten beeinflussen?

Jeder Hund ist individuell – deshalb wird auch das Training individuell auf jedes Hund-Halter-Gespann zugeschnitten.

Ist die positive Verstärkung eine nachhaltig wirkende Möglichkeit, Hunde zu erziehen bzw. auszubilden?

Auf alle Fälle. Nur „nur positiv" geht auch nicht. Mein Hund muss auch ein klares, deutliches „Nein" lernen und akzeptieren.

Ist die negative Verstärkung eine nachhaltig wirkende Möglichkeit, Hunde zu erziehen bzw. auszubilden?
Natürlich – zum Negativen. Wie fühle ich mich, wenn Ich geruckt, angeschrien, geschlagen und/ oder sonst wie malträtiert werde? Ich hab Angst und keinen Spaß mehr aus Angst vor Strafe oder ich gehe in den Druck rein und lasse es auf eine Konfrontation ankommen oder ich lade meinen aufgestauten Frust beim nächst Schwächeren ab.

Welche Abbruchsignale halten Sie für sinnvoll?
Stopp, Nein, Aus.

Immer wieder ist der Begriff „Konsequenz" in der Hundeausbildung zu hören. Was bedeutet dieser Begriff für Sie?
Konsequenz bedeutet für mich, dass ich meinen Hund nicht zutexte. Ich muss mir vorher überlegen, was ich von meinem Hund möchte und wann ich es möchte, und sobald es ausgesprochen ist, gilt es. Beispiel: Ich möchte, dass mein Hund zu mir kommt. Jetzt sehe ich aber, dass er gerade mit einem Artgenossen spielt und ich habe eine Minute Zeit. Also warte ich, bis mein Hund wieder ansprechbar ist und rufe ihn dann, dabei achte ich auf meine Gestik, Mimik und Stimme, um ihn zu locken und nicht abzuschrecken. Dann muss er kommen, notfalls wird mit der Schleppleine trainiert. Aber er muss kommen ohne 23 Zwischenstopps. Und wenn er gelernt hat, was „Hier" heißt, kann ich ihn auch – wenn's unbedingt nötig ist – mal aus einem Spiel abrufen.

Wie und ab wann kann und sollte man mit der Ausbildung/ Erziehung bei Welpen beginnen?
Hunde lernen ein Leben lang, also beginnt schon mit der Geburt das „Training" durch die Mutter. Jeder aktive Sinn kann und sollte trainiert werden. Und egal bis zu welchem Alter: Mit Spaß und Freude in einer entspannten Umgebung lernt es sich am leichtesten.

Hunde sind bekanntermaßen soziale Lebewesen. In welchem Umfang muss ich meinem Hund Kontakt zu Artgenossen bieten?
Soviel wie möglich.

Was verstehen Sie unter „Freiheiten" eines Haushundes (frei in der Wohnung bewegen, Freilauf etc.) und wie viele Freiheiten soll man Ihrer Meinung nach einem Hund zugestehen?
Das verstehe ich nicht. Welche Freiheiten hat mein Hund? Wir leben miteinander und haben uns aufeinander eingestellt. Ich kann doch Freiheit nicht in Metern definieren...

Welche technischen Hilfsmittel (div. Halsbänder etc.) halten Sie in der Hundeerziehung für sinnvoll – und warum?
Ein Geschirr – weil es den Menschen zwingt, mit seinem Hund zu kommunizieren. Eine Schleppleine zum Training.

Welche technischen Hilfsmittel lehnen Sie ab?
Stachel-, Würge-, Ketten-, Spray- oder Reizstromhalsbänder, Peitschen zum beliebten auf die Pfoten hauen und die sogenannten Haltis, wenn sie als „Halsbandersatz" benutzt werden.

Welche ethischen und moralischen Aspekte sollten Menschen beim Umgang mit Hunden und in der Hundeerziehung berücksichtigen?
Ein alter Spruch trifft es wohl am besten: Was Du nicht willst, das man Dir tu, das füge auch keinem anderen zu. Hunde sind so tolle Tiere. Schau vor und nach jedem Training Deinem Hund in die Augen und frag Dich selbst, was sie sagen... die Antwort fühlst Du im Bauch!

DR. UTE BLASCHKE-BERTHOLD

Geboren 1961

Hundeschule:

CumCane® Hundeschule
Oberdorfstr. 10
D-53859 Niederkassel
E-Mail: sichtzeichen@cumcane.de
http://www.cumcane.de
Tel.: +49 (0)228 976 42 56
Mobil: +49 (0)175 229 52 91

Angebote der Hundeschule:

- Welpen- und Junghund-Förderung
- Beschäftigung im Alltag
- Lernen für den Alltag – Verhaltenstraining dort, wo Mensch und Hund gemeinsam leben
- Medical Training
- Praxis für Verhaltenstherapie

Arbeitet als Trainerin seit:

1988

Wie sind Sie auf den Hund gekommen?
Kindliche Frühprägung – schon als Säugling immer am Wasser und in der Nähe von Tieren, besonders Hunden.

Wie viele Hunde haben Sie und was für welche? Und wie heißen sie?
Nach fast zwei Jahrzehnten mit Rhodesian Ridgebacks begleiten mich jetzt Linux (Border Collie x verschiedene Terrier) und Kimi (Collie x Schnauzer x Pekinese x Chihuahua).

Haben Sie noch weitere Haustiere? Falls ja, welche und wie viele?
Meine Schildkröten und Amphibien habe ich bereits vor Jahren wegen Zeitmangel abgeben müssen.

Mit wie vielen Hunden haben Sie bisher zusammen gelebt?
Boxer (vom Züchter), drei RR (vom Züchter), RR x Bullterrier (Tierheim), DSH (Tierheim), Linux (Tierheim) und Kimi (als Welpe aus Zufallswurf) = acht Hunde in meinem Leben.

Warum sind Sie Hundetrainerin geworden?
Ich habe eine Betätigung gesucht, in der ich Lehren, Bio-Wissenschaft, Hunde und meinen Sohn miteinander vereinbaren kann.

Was finden Sie an diesem Beruf am schwierigsten/ anstrengendsten?
Belief resistance bei vielen Hundehaltern. Viele Menschen gehen in eine Hundeschule, weil sie Hilfe erwarten, die ihre Sicht auf den Hund bestätigt. Unter diesen Bedingungen sind sie für Sachargumente nicht wirklich offen.

Und was am schönsten?
Veränderung im Umgang mit dem Hund verändert immer Lebensgefühl und persönliche Beziehungen des Hundehalters. Es geht nicht nur um das Verhalten des Hundes, sondern um eine Lebenseinstellung.

Welche Mindestvoraussetzungen sollten Ihrer Meinung nach erfüllt werden, wenn man als Trainer arbeiten möchte?
Fachkenntnis Hund: Verhaltensbiologie + Lerntheorie, Fachkenntnis Erwachsenenbildung und Didaktik, Interesse an Menschen.

Wie lautet Ihre Trainingsphilosophie?
Ich muss den bestmöglichen Kompromiss für die Befriedigung der Bedürfnisse sowohl des Hundehalters als auch des Hundes finden.

Wie haben sich Ihr Leben und Ihr persönliches Umfeld verändert, seit Sie mit Hunden arbeiten?
Keine Ahnung, ich habe immer mit Tieren gearbeitet und mich nicht verändert, nur weiterentwickelt.

Was ist Ihnen in der Mensch-Hund-Beziehung am wichtigsten?
Beide Partner sollen zu gleichen Teilen von der Beziehung profitieren. Ich halte asymmetrische Verteilung bei der Befriedigung von Bedürfnissen für die Wurzel vieler Probleme.

Wenn Sie ein Hund wären, was für einer wären Sie?
Ich wäre ein sozial offener Hund, der Futter zu schätzen weiß. Anders möchte ich diese Frage nicht beantworten, da ich Rasse-Schubladen nicht mag.

Ihr Lebensmotto
„Du siehst die Welt nicht, wie sie ist, sondern wie du bist!“

INTERVIEW:

Was verstehen Sie unter einem Rudel?
Ein Rudel ist eine gewachsene Gemeinschaft, innerhalb derer die meisten Individuen eng miteinander verwandt sind. Es handelt sich um eine Gemeinschaft von Individuen einer Art!

Glauben Sie, dass die Verhaltensmuster, die Hunde untereinander in einem Hunderudel zeigen, auf die Mensch-Hund-Beziehung übertragbar sind?
Nun, ein Hund kann nichts anderes als hundliches Verhalten zeigen. Da der Mensch in einer Beziehung zum Hund aber andere Bedürfnisse als ein Artgenosse hat, macht es überhaupt keinen Sinn, „Hunderudel spielen zu wollen"! Das, was Menschen von ihrem Hund wollen und erwarten, zeigen Hunde untereinander nicht.

Welche Bedeutung hat für Sie die Rangordnung innerhalb einer Hundegruppe?
Gar keine, wenn die Gruppe in menschlicher Obhut lebt! Eine Rangordnung bildet sich aus, wenn um Ressourcen konkurriert werden muss: Überleben und Fortpflanzungsmöglichkeit müssen gesichert werden. Beides spielt bei Hundegruppen in Menschenhand keine Rolle. Unter unseren Lebensumständen werden die Möglichkeiten zur Fortpflanzung sehr restriktiv vom Menschen reguliert, und es besteht keine Notwendigkeit, um über Ressourcen zu konkurrieren. Ich plädiere dafür, in Gruppen Regeln zu unterstützen, und nicht Individuen!

Gibt es in Hundegruppen Alphatiere?
Es gibt sicher Individuen, die durchsetzungsbewusster sind als andere. Den Begriff „Alphatier" möchte ich lieber vermeiden, weil mit ihm ein Führungsanspruch verknüpft wird, den es gar nicht gibt. Sich an Ressourcen im weitesten Sinne durchsetzen zu können, hat mit Führung nicht viel zu tun. Wann immer ein Hund in einer Hundegruppe als „Alpha" beschrieben wird, handelt es sich um einen Hund, der impulsiv, sensibel in Bezug auf Unterschreitung von Distanz ist und darüber hinaus oft an Ressourcen eine extreme Tendenz zur Verteidigung zeigt. Meist handelt es sich um unangemessenes, unangepasstes Verhalten, unter welchem die anderen Hunde der Gruppe leiden.

Wie definieren Sie „Dominanz"?
Für mich hat dieser Begriff zwei Bedeutungen bzw. zwei Funktionen, wobei ich mich strikt an biologische Konzepte halte und nicht etwa Definitionen aus allgemeinen Wörterbüchern nutze. Dominanz ist ein Konzept, mit dem man die Beziehung von Individuen einer Art in Konkurrenzsituationen beschreiben kann. Dies ist die soziale Dominanz, die zwischen Individuen einer Art auftreten kann. Dieses Konzept ist für Beobachtungen des Verhaltens zwischen Hunden interessant, spielt dagegen in Hund-Mensch-Beziehungen keine Rolle. Für letzteren Zusammenhang ist das Konzept der ökologischen Dominanz nützlicher. In der Ökologie wird eine Art als dominant beschrieben, wenn sie einen Lebensraum stark beeinflusst. Der Mensch ist in diesem Sinne eine dominante Art. Menschen dominieren Hunde in vielerlei Hinsicht: Welpen werden von ihren Müttern entführt, an fremde Orte gebracht und führen ein mehr oder weniger unterdrücktes Leben. DAS ist die Dominanz des Menschen! Nahezu die gesamte Bedürfnisbefriedigung des Hundes hängt von der Anschauung des Menschen ab – mehr Dominanz braucht es nun wirklich nicht!

Haben alle Hunde das Bedürfnis andere Mitglieder ihrer sozialen Gruppe zu dominieren?
Sicher nicht! So verschieden Hunde aussehen, so unterschiedlich sind sie auch in Bezug auf ihre Reaktionsschwellen, ihre Sensibilität und Hemmbarkeit. Häufig werden fälschlicherweise Elemente des Hüteverhaltens, z. B. Einschränkung der Bewegungsfreiheit, als sozial dominante Verhaltensreaktionen interpretiert.

Die meisten Menschen sind nicht in der Lage, die Kommunikationsmittel der Hunde (körper- oder lautsprachlich) zu verstehen. Das Erkennen welcher Kommunikationsmittel der Hunde halten Sie für besonders wichtig?

Für mich ist der Blick auf das gesamte Bild wesentlich. Meiner Meinung nach ist es fatal, sich auf einen Teilaspekt der Kommunikation zu beschränken! Hinschauen und Hinhören sind wichtig – besonders weil viele Hundehalter dazu neigen, Lautäußerungen lediglich als Störgeräusche zu verstehen und zu unterdrücken.

Halten Sie es für sinnvoll, Kommunikationsmittel des Hundes (z. B. das Knurren) zu unterbinden?

Sicher nicht! Unterbinden (anderes Wort für Hemmen durch Bestrafung) ist eine kurzfristige Lösung. Veränderung der Situation und neue Verhaltensstrategien für den Hund verringern Knurren ebenfalls; das mag etwas länger dauern, wirkt dafür aber nachhaltiger.

Welche Punkte erachten Sie in der Hundeausbildung/ Hundeerziehung als besonders wichtig?

Mentales und körperliches Wohlbefinden des Hundes darf niemals an den Rand von Trainingsentscheidungen gedrängt werden. Es gilt, den bestmöglichen Kompromiss zwischen den Bedürfnissen des Hundes und denen der Bezugspersonen zu finden. Blanke Machtausübung dem Tier gegenüber dagegen ist für mich indiskutabel.

Haben Sie eine spezielle Methode, nach der Sie Hunde ausbilden bzw. wie Sie das Hundeverhalten beeinflussen?

Ich arbeite nach den Methoden der Lerntheorie und des biologischen Behaviorismus, wie er z. B. von William Timberlake vertreten wird. Im Mittelpunkt steht die situationsbezogene Befriedigung von Bedürfnissen als vielfältige Belohnungsmöglichkeiten.

Ist die positive Verstärkung eine nachhaltig wirkende Möglichkeit, Hunde zu erziehen bzw. auszubilden?

Sowohl aus der Perspektive der Lerntheorie als auch aus der der Verhaltensbiologie muss positive Verstärkung nachhaltig wirken. Alle Tiere sind ihr ganzes Leben lang auf der Suche nach der Befriedigung appetitiver Bedürfnisse. Wesentlich ist zu begreifen: positive Verstärkung bedeutet nicht die alleinige Arbeit über Futter.

Ist die negative Verstärkung eine nachhaltig wirkende Möglichkeit, Hunde zu erziehen bzw. auszubilden?

Negative Verstärkung berührt das Sicherheitsbedürfnis eines Hundes und vermittelt ihm zugleich Lösungsstrategien. Deswegen hat negative Verstärkung einen festen Platz in meiner Werkzeugkiste. Allerdings setze ich sie weitaus seltener ein als positive Verstärkung, weil sie durch die zwangsläufige Verbindung mit bedrohlichen Ereignissen belastender für den Hund ist. Nach Möglichkeit nutze ich jede für den Hund bedrohliche Situation, die sich im Alltag außerhalb der Kontrolle des Hundehalters ereignet, für Lernen durch negative Verstärkung. Dieses Vorgehen ist wirkungsvoller als z. B. Ausweichstrategien.

Welche Abbruchsignale halten Sie für sinnvoll?

Jedes zuverlässig auf Signal auflösbare Verhalten bricht das vorherige Verhalten ab. Aus diesem Grund fokussiere ich nicht auf Abbruchsignale, die auf Schreck, Bedrohung und Schmerz beruhen – sie sind meist überflüssig. Verhalten, welches mit sorgfältig durch positive Verstärkung aufgebautem und auslösbarem Verhalten unterbrochen wird, kann mit diesem als Verhaltenskette verknüpft werden; davor haben viele TrainerInnen Angst. Ich mag Verhaltensketten, weil sie zeigen: die Motivation des Hundes, Verhalten zu zeigen, hat sich zugunsten der Bezugsperson verlagert. Deswegen ist es leicht, aus der Kette heraus den eigenständi-

Hunde brauchen Hundekontakt, um artspezifische Verhaltensreaktionen praktizieren, erhalten und verfeinern zu können. Sie brauchen diese Kontakte aber nicht um jeden Preis! Bei Hundekontakten gilt: Qualität vor Quantität.

gen Verhaltensabbruch durch den Hund zu formen. Daneben nutze ich gerne Abbruchsignale, die für den Hund eindeutige Handlungsanweisungen enthalten. Dazu gehören die durch negative Verstärkung aufgebauten Signale für „Gehe weiter an der Ablenkung vorbei" und „Stoppe deine Vorwärtsbewegung". Letzteres Signal ist der von CumCane entwickelte Geschirrgriff, der – trotz dieser Bezeichnung – auch außerhalb der Reichweite des Menschen gut funktioniert.

Immer wieder ist der Begriff „Konsequenz" in der Hundeausbildung zu hören. Was bedeutet dieser Begriff für Sie?

Begriffe sollen Klarheit schaffen und nicht verwirren. Deshalb benutze ich diesen Begriff niemals in seiner umgangssprachlichen Bedeutung, sondern nur in seiner lerntheoretischen im Sinne von Postzedenzen. Eine Konsequenz kann jedes Ereignis sein, welches im Gehirn des Hundes mit kurz zuvor gezeigtem Verhalten verknüpft wird. Der Begriff bezieht sich auf eine zeitliche Struktur und wird nicht wertend verwendet. In diesem Sinne kommen Konsequenzen nicht nur von der Bezugsperson, sondern auch aus der weiteren Umwelt.

Wie und ab wann kann und sollte man mit der Ausbildung/ Erziehung bei Welpen beginnen?

Erziehung ist zugleich Aufbau einer Beziehung. Deswegen beginnt Erziehung – das ist der Austausch von Verhalten zwischen Hund und Mensch – von der ersten Minute an. Dabei geht es mir nicht um den Aufbau des so genannten Grundgehorsams, sondern eher um ausreichend Rückkopplung für den jungen Hund: Welches Verhalten bringt ihm Erfolg, welches Misserfolg? Diese Rückkopplung hilft ihm, sich an die neuen Lebensumstände anzupassen.

Hunde sind bekanntermaßen soziale Lebewesen. In welchem Umfang muss ich meinem Hund Kontakt zu Artgenossen bieten?

Hunde brauchen sicher Kontakt zu anderen Hunden, aber das bedeutet sicher nicht, dass sie auch mit Artgenossen zusammenleben müssen. Gesellschaft muss nicht zwingend Lebensgemeinschaft sein. Hunde brauchen Hundekontakt, um artspezifische Verhaltensreaktionen praktizieren, erhalten und verfeinern zu können. Sie brauchen diese Kontakte aber nicht um jeden Preis! Bei Hundekontakten gilt: Qualität vor Quantität. Hierbei geht es nicht darum, den eigenen Hund vor Ablehnung durch einen Artgenossen zu schützen. Beides, Distanzvergrößerung als auch Distanzverringerung müssen geübt werden, aber nach Möglichkeit auf einem dem Lernen zuträglichen Erregungsniveau. Dies gilt auch für Spielverhalten; es liegt in der Verantwortung der Bezugspersonen zu verhindern, dass Spiel in Aggression, Angst oder Jagdverhalten „kippt".

Was verstehen Sie unter „Freiheiten" eines Haushundes (frei in der Wohnung bewegen, Freilauf etc.) und wie viele Freiheiten soll man Ihrer Meinung nach einem Hund zugestehen?

Freiheit bedeutet für mich, dass der Hund seine Bedürfnisse zeitnah befriedigen kann. Freie Bewegung im Haus ohne Tabuzonen ist meiner Meinung nach erstrebenswert. Manchmal ist dieses Ziel nicht realisierbar, weil der Hund z. B. bestimmte Zimmer wie das Kinderzimmer nicht betreten soll. Solche Regeln werden am besten über Management in Verbindung mit passenden Alternativen vermittelt und abgesichert. Dasselbe gilt für Freilauf, der aber noch weniger umfassend praktiziert werden kann als Bewegungsfreiheit im Haus. Neugier- und Erkundungsverhalten sind Indikatoren für mentales und körperliches Wohlbefinden: der Hund sollte sie praktizieren dürfen. Es ist mein Ziel: Freilauf dort, wo es erlaubt und relativ sicher ist. Arbeit an der Leine ist lediglich eine Übergangslösung. Auch hier gilt: Die Leine ist ein Managementmittel, kein Mittel zum Transport von Konsequenzen. Hunde brauchen auch die Freiheit, sich alleine gut beschäftigen zu können: Spielsachen, Futterbälle und Kauartikel sollten zur freien Verfügung stehen. Wann immer Deprivation eingesetzt werden muss, um Belohnungen oder gar die Bezugsperson aufzuwerten, sind die individuellen Bedürfnisse eines Hundes nicht ausreichend bekannt und berücksichtigt.

Welche technischen Hilfsmittel (div. Halsbänder etc.) halten Sie in der Hundeerziehung für sinnvoll – und warum?

Die Kontrolle des Verhaltens in größerer Entfernung zum Hund macht technische Hilfsmittel prinzipiell interessant und sinnvoll. Allerdings sind die zur Verfügung stehenden Geräte entweder gesetzlich verboten oder genügen nicht den Anforderungen, die ich an ein solches Hilfsmittel stelle: Arbeit über negative Verstärkung sollte möglich sein. Ist sie nicht möglich, ist das Hilfsmittel wegen zu erwartender Anwendungsfehler nicht sinnvoll. Es gibt inzwischen auch Geräte, mit deren Hilfe Futterbelohnungen in Entfernung angeboten werden können. Diese haben im Sport ihre Einsatzmöglichkeiten, für das Alltagstraining sind sie wenig nützlich.

Welche technischen Hilfsmittel lehnen Sie ab?

Ich lehne alle Hilfsmittel ab, bei denen die Möglichkeit negativer Verstärkung nicht gegeben ist oder die gesetzlich verboten sind. Darunter fallen alle Typen von Sprühhalsbändern und Geräte, die über einen Stromreiz wirken. Ganz besonders scheue ich mich davor, Geräte einzusetzen, die ohne Anwesenheit von Bezugspersonen automatisch auslösen. Die Wirkung dieser Geräte liegt vollständig außerhalb der Kontrolle des trainierenden Menschen und ist damit sehr unsicher.

Welche ethischen und moralischen Aspekte sollten Menschen beim Umgang mit Hunden und in der Hundeerziehung berücksichtigen?

Hunde sind Lebewesen, mit denen nicht nach Belieben umgegangen werden kann. Hunde sind nicht auf dieser Welt, um alleine die Bedürfnisse von Menschen zu befriedigen. Sie haben die Fähigkeit, dies zu tun – und dafür sollten sie als Lebewesen respektvoll behandelt werden. Respekt bedeutet: Freiraum zur Entfaltung individueller Fähigkeiten, Befriedigung möglichst vieler Bedürfnisse, Entwicklung von Bewältigungsstrategien während stressender Ereignisse und körperliche und mentale Unversehrtheit. Ganz besonders zu betonen ist der Aufbau einer Erwartungssicherheit für den Hund. Einschränkungen und Bestrafungen, die nicht ausreichend angekündigt werden, lehne ich ab.

STEFFI KOHL

Geboren 1972

Hundeschule:

PfotenTeam
Maistumpf 4
D-69257 Wiesenbach
E-Mail: steffikohl@hundeschule-pfotenteam.de
www.hundeschule-pfotenteam.de
Tel.: +49 (0)6223 97 38 644
Mobil: +49 (0)160 80 36 652

Angebote der Hundeschule:

- absolut gewaltfreies Hundetraining
- verhaltensorientiertes Einzeltraining speziell auf Mensch und Hund abgestimmt
- Training zur Korrektur von Verhaltensauffälligkeiten
- Gruppentraining
- Welpenfrüherziehung
- Nasenarbeit & Beschäftigungstraining
- Seminare & Vorträge
- Wanderungen und Hundespaziergänge
- Besuchsdienste in Pflegeheimen
- Trainingscamps – Urlaub mit Hund
- Tierschutzaktionen
- Beratung und Hilfestellung vor dem Hundekauf
- Monatlicher Stammtisch für alle interessierten Hundefreunde
- Hilfestellung bei der Fellpflege
- Verkauf von sinnvollem Hundezubehör, Futter und Bücher im Shop PfotenTraum

Arbeitet als Trainerin seit:

Offizielle Arbeit als Trainerin seit 1999

Wie sind Sie auf den Hund gekommen?
Bereits im frühen Kindesalter blickte ein Riesenschnauzer tief auf mich herab, das „prägt"!

Wie viele Hunde haben Sie und was für welche? Und wie heißen sie?
Zurzeit leben wir mit sieben Hunden:
Pedro, ein Mittelschnauzer, 12 Jahre
Idefix, ein Lakeland Terrier, 7 Jahre
Darja, ein russischer schwarzer Terrier, 3 Jahre
Karma, ein russischer schwarzer Terrier, 5 Jahre
Joey, ein russischer schwarzer Terrier, 2 Jahre
Teddy, ein Welsh Terrier, 6 Jahre
Willi Sorglos, ein Welsh Terrier, 9 Jahre

Haben Sie noch weitere Haustiere? Falls ja, welche und wie viele?
Reptilien „entschleunigen" den Terrieralltag ;-)

Mit wie vielen Hunden haben Sie bisher zusammen gelebt?
Wir haben seit vielen Jahren immer mehrere Hunde gleichzeitig. Leider haben uns auch schon einige verlassen und warten jenseits der Regenbogenbrücke auf uns.

Warum sind Sie Hundetrainerin geworden?
In den ersten Jahren lernte ich eine intensive Welt in allen Sparten des Hundesports kennen. Wenn ich auch nie mehr so mit Hunden arbeiten werde, so bin ich doch froh um diese Erfahrung. Es hilft mir, gerade verhaltensauffällige Hunde besser zu verstehen.

Mein geliebter Rüde Chiorny hat mir gezeigt, dass es auch noch andere Wege für ein gemeinsames Zusammenleben für Mensch und Hund gibt. Durch ihn begann ich mich immer weiter fortzubilden. Ich werde ihm dafür immer dankbar sein!

Was finden Sie an diesem Beruf am schwierigsten/ anstrengendsten?
Anstrengend kann man sicher mein Arbeitspensum nennen, denn ich bin an sieben Tagen in der Woche täglich mindestens zwölf bis vierzehn Stunden für meine Kunden da.

Die Herausforderung mit den verschiedensten Menschen und Hunden zu arbeiten, nehme ich sehr gerne täglich an.

Und was am schönsten?
Ich habe meine Leidenschaft zum Beruf gemacht. Etwas Besseres könnte ich mir nicht vorstellen. Ich lebe für meine Arbeit mit Hunden, auch wenn das bedeutet, dass die eigene Freizeit oft zu kurz kommt.

Welche Mindestvoraussetzungen sollten Ihrer Meinung nach erfüllt werden, wenn man als Trainer arbeiten möchte?
Oh je, wo soll ich anfangen und wie lange darf diese Antwort werden? Um es wirklich kurz zu fassen... um verantwortungsvoll und professionell mit Hunden und Menschen arbeiten zu können (egal ob in einer Hundeschule oder einer Hundepension), sollte eine fundierte Trainerausbildung inkl. immer weiterführenden Fortbildungen absolviert werden. Eine gute Trainerausbildung beinhaltet jegliche Sparten rund um den Hund und dauert mind. 12 Monate. Von tierpsychologischen und tiermedizinischen Grundlagen, Grundkenntnissen der Ethologie, Ausdrucksverhalten, Rassekunde, Umgang mit Kunden und Wissen über sinnloses Equipment, das Hunde ängstigt, sowie praktische Arbeiten und die Lehre einer wirklich gewaltfreien Hundeerziehung.

Wie lautet Ihre Trainingsphilosophie?
PfotenTeam – fair und harmonisch einen gemeinsamen Weg für Mensch und Hund aufzeigen. Das ist unsere Arbeit.

Wie haben sich Ihr Leben und Ihr persönliches Umfeld verändert, seit Sie mit Hunden arbeiten?
Das Leben verändert sich immer, wenn man von einem regulären nine-to-five-Bürojob nach und nach in die Selbständigkeit wechselt. Auf einem solchen Weg lernt man seine Freunde kennen.

Menschen, die deine gut gefüllten Arbeitstage und die vielen Hunde an deiner Seite akzeptieren – das sind wahre Freunde, die einem immer zur Seite stehen!

Was ist Ihnen in der Mensch-Hund-Beziehung am wichtigsten?
In meinen Mensch-Hund-Beziehungen ist mir ein faires und vertrauensvolles Miteinander mit klaren, aber liebevoll gegebenen Regeln wichtig. Wir arbeiten zusammen, wir sind immer zusammen – wir müssen uns aufeinander verlassen können. Ich mich auf meine Hunde und die Hunde auf mich! Während meiner Arbeit ist es mir wichtig, ein harmonisches Miteinander zwischen Mensch und Hund zu vermitteln. Auf einer Basis des fairen und liebevollen, konsequenten Umgangs sollten sich Mensch und Hund vertrauen können. Nur wer den anderen versteht, kann gemeinsam mit ihm in eine Wegrichtung gehen.

Wenn Sie ein Hund wären, was für einer wären Sie?
Definitiv ein russischer Terrier! Klar, mit viel Energie und einer gesunden Individualdistanz.

Ihr Lebensmotto
Carpe Diem – nutze den Tag!

INTERVIEW:

Was verstehen Sie unter einem Rudel?
Wissenschaftlich betrachtet setzt sich ein frei lebendes Rudel aus Elterntieren und deren Nachkommen zusammen, das in einer bestimmten Struktur miteinander lebt. Das bedeutet für mich, ein Rudel ist ein gewachsener Familienverband. Bei einer Mehrhundehaltung handelt es sich meist um einen Zusammenschluss von Hunden, die in keiner verwandtschaftlichen Beziehung zueinander stehen und von uns Menschen aus den verschiedensten Gründen, meist leider ohne die Zustimmung oder richtige Passung zu bereits vorhandenen Hunden, ausgesucht werden. Je nach Zusammenstellung der Hunde kann man in einer solchen Hundegruppe auch eine gewisse Gruppenstruktur beobachten. Hier ist es dann der souveräne und gelassene Hund, der einer solchen Gruppe Halt gibt und Sicherheit vermittelt, oft klare Linien vorgibt, jedoch ohne eine feste Rangordnung. Oft variiert die Führungsrolle, je nach Situation und beliebigem Können des einzelnen Individuums.

In der Realität gibt es zu dem Begriff Rudel meist verschiedene Meinungen und manchmal ist daran bereits zu erkennen, wie Menschen mit Hunden zusammen leben und in welcher Beziehung sie zu ihren Tieren stehen. Das Wort Rudel wird im umgänglichen Sprachgebrauch häufig verwendet und oft ist die Bezeichnung allerdings immer noch gleichgesetzt mit den Begriffen Rudel- und Rangordnung, Dominanz und Unterordnung und wird zumeist auch in diesen Zusammenhängen benutzt, die mit völlig veralteten und herkömmlichen Trainingsmethoden konform gehen. Aus diesem Grund würde ich in Bezug auf die heutige Mehrhundehaltung immer eher von einer Gruppe sprechen.

Glauben Sie, dass die Verhaltensmuster, die Hunde untereinander in einem Hunderudel zeigen, auf die Mensch-Hund-Beziehung übertragbar sind?
Definitiv nicht... dazu sind wir viel zu schlechte Hunde!

Meiner Meinung nach leben wir mit Hunden eher in einem Familienverband. Selbstverständlich sollte es für jeden Hund sehr klar sein, wer diese Familie durch das Leben führt: Ein Mensch, der souverän und gelassen ist und in jeder Situation die Nerven behält. Fast wie Eltern, die für die Familie sorgen. Und genau hier liegt bereits oft das erste Problem in unserem realen Alltag! Nur zu oft wird Menschen suggeriert, sie müssten im Alltag immer „über ihrem Hund“ stehen und der Hund muss sich unterordnen, um die Kontrolle über das Tier Hund zu behalten. Daraus resultiert meist, dass der Mensch viel zu übertrieben und viel zu emotionale Handlungen zeigt, die für einen Hund keinen Sinn ergeben und keine Linien zum richtigen Verhalten vorgeben. Glaubt man einigen Trainingsmethoden, so darf der Mensch niemals die Kontrolle über den Hund verlieren, da der Hund sofort beginnen würde, eigene und somit sofort unkontrollierte Handlungen zu zeigen. Die Angst vor dem Verlust über die Kontrolle des Tieres steht oft schon im Vordergrund, obwohl der Hund überhaupt noch kein Fehlverhalten gezeigt hat.

Aus Angst davor, der Hund könnte unkontrollierbar werden, werden die Hunde dann zum Beispiel so lange mit Tritten traktiert, bis sie nur noch hinter dem Mensch laufen. Wie sich das Lebewesen Hund dabei fühlt, ist solchen Menschen schlichtweg egal, und verkauft wird das Ganze als gewaltfreie Methode, um mit Hunden umzugehen.

Keine Frage, selbstverständlich muss ich einen Hund unter Kontrolle haben. Kontrolle erreiche ich jedoch hauptsächlich dadurch, dass ich meinen eigenen Hund sehr gut kennen lerne, Alltagssituationen richtig einschätze und souverän genug bin, um dem Hund die Sicherheit zu vermitteln, dass ich alles im Griff habe. Komme was wolle! Das ist es auch, was ich meinen Kunden im Training vermitteln möchte. Sicherheit durch das genaue Kennenlernen des Individuums Hund und die nötige Ruhe, die ein Hundehalter im Alltag benötigt, um seinen Hund durch das Leben zu führen.

Welche Bedeutung hat für Sie die Rangordnung innerhalb einer Hundegruppe?

Die Rangordnung zeigt die soziale Struktur innerhalb einer Gruppe und gibt einer harmonisch zusammen lebenden Hundegruppe den notwendigen Halt im alltäglichen Miteinander. In oft wechselnden Positionen übernimmt der souveränste Hund die Führung, jedoch nie ohne einen Zweifel, wer schlussendlich das Sagen hat. Nämlich der dazugehörende Mensch, der die „Familie" durch das Leben führt. Es gibt durchaus Hundegruppen, denen es aufgrund veränderter Lebenslagen oder Disharmonie zeitweise oder nie möglich ist, eine geregelte Struktur aufzuweisen.

Ich selbst konnte das sehr gut im Laufe der letzten Monate beobachten, als uns unser Rüde Chiorny viel zu früh verließ. Mit knapp 70 kg war er der mächtigste Hund in unserer Hundegruppe. Seine Führungsposition hatte jedoch nichts mit seiner Größe zu tun und zu dieser Zeit konnte ich sehen, wie er, je nach Situation, auch bereit war, die Führung einem anderen Hund zu überlassen. Er war der Inbegriff an Souveränität und Gelassenheit. Ihn konnte nichts aus der Ruhe bringen und dennoch ließ er nie Zweifel daran, dass sich letztendlich die gesamte Hundegruppe bestens durch eine souveräne und ruhige Führung des Menschen regeln ließ. Als er verstarb, hing die Hundegruppe etwa eine Woche „in der Luft", bis ein Rüde aus der Gruppe in den folgenden Tagen langsam begann, Chiornys Aufgaben zu übernehmen. Dieser Rüde gewann zunehmend an Souveränität und inzwischen ist er es, der die Gruppe anleitet. Gelassener als je zuvor, ist er an seiner neuen Tätigkeit gewachsen. Er ist der kleinste all unserer Hunde und auch er gibt seine Position in verschiedenen Tagesabschnitten an einen der anderen Hunde ab.

Eine geregelte Struktur kann den Zusammenhalt einer Hundegruppe durchaus stärken, sofern diese Ordnung innerhalb einer Gruppe nicht ständig durch den Menschen beeinflusst wird (wie etwa mit der Meinung, der Hund, der zuerst im Haus war, hat immer Vorrechte usw.) und die Hunde eine harmonische Zusammengehörigkeit haben.

Gibt es in Hundegruppen Alphatiere?

Da immer wieder wechselnde Führungspositionen bei Hunden zu erkennen sind, die zusätzlich noch in verschiedenen Ressourcen wie Futter oder sozialem Status variieren, ist es nur schwer vorstellbar, wie es zu so genannten „Alphas" in einer Hundegruppe kommen kann. Ein „Alphatier", egal ob Mensch oder Hund, wäre laut fachlicher Definition das Individuum, das zu jeder Zeit die oberste Position in einer Hierarchie hat. Würden Sie jemandem vertrauen, der zu jeder Zeit und in allen Lebenslagen zwanghaft versucht, die oberste Position zu halten? Egal ob dieser dazu überhaupt fähig ist und die ausreichende mentale Stärke besitzt? Ein Hund würde einem solchen Lebewesen sicher kein Vertrauen entgegenbringen.

Wie definieren Sie „Dominanz"?

Mal ganz davon abgesehen, dass es viele verschiedene Theorien zum Begriff Dominanz gibt, bin ich überzeugt davon, dass es in bestimmten Situationen und in manchen Lebenslagen durchaus von Vorteil sein kann, „dominant" zu sein. Das heißt von anderen respektiert zu werden und etwas für sich zu beanspruchen. Für jedes Lebewesen, auch für uns Menschen! In der Hundeerziehung wird der

Begriff „Dominanz“ jedoch aus ganz anderer Sichtweise betrachtet. Im Gegensatz zu den letzten Jahren hat sich das inzwischen ein wenig gewandelt und nicht mehr jeder Hund, der auch nur annähernd Verhaltensauffälligkeiten zeigt, wird gleich als dominant bezeichnet. Aber dennoch haben viele Hundehalter (und Trainer) immer noch viel zu oft das Gefühl und die Angst, von „dominanten“ oder „Kontrollzwang besessenen“ Hunden beherrscht zu werden. Fragt sich, wer dann in diesem Fall ein Problem hat.

Haben alle Hunde das Bedürfnis andere Mitglieder ihrer sozialen Gruppe zu dominieren?

Durch mangelnde oder schlechte Sozialisierung und/ oder durch falsche Passung innerhalb einer Hundegruppe kann es durchaus zu Disharmonien kommen.

Mir persönlich ist bisher noch kein Hund begegnet, der permanent versucht hat, seine Artgenossen oder sein Umfeld zu jedem Zeitpunkt seines Lebens zu beherrschen. Bei Menschen allerdings bin ich mir da nicht so sicher...

Die meisten Menschen sind nicht in der Lage, die Kommunikationsmittel der Hunde (körper- oder lautsprachlich) zu verstehen. Das Erkennen welcher Kommunikationsmittel der Hunde halten Sie für besonders wichtig?

Zuvor drängt sich doch eher die Frage auf, wieso es für viele Menschen nicht möglich ist, die Kommunikation des Hundes zu verstehen. Zum einen ist es zuerst einmal auch Unwissenheit, wenn ich mich als Hundehalter bisher noch nicht mit diesem Thema auseinander gesetzt habe. Aber in vielen Fällen haben die Menschen leider auch das Gefühl verlernt, instinktiv auf solche Signale zu achten, alleine aus dem Grund, weil ihnen in zweifelhaften Trainingsmethoden beigebracht wurde, Signale des Hundes außer Acht zu lassen. Hierbei wiederum reicht die Vielfalt von der Unerfahrenheit bis hin zu fachlicher Inkompetenz des Trainers.

Umso besser ich meinen Hund verstehen will, umso mehr muss ich mich mit der gesamten Kommunikation beschäftigen. Angefangen bei dem gesamten Ausdrucksverhalten des Hundes, der Körpersprache, die ich erkennen kann, über Beschwichtigungs- oder Konfliktsignale, die der Hund über Gestik und Mimik mitteilt. Das allein sind sehr umfangreiche Themen, bei denen ich im Alltag sehr gut erkennen kann, wie sich mein Hund mitteilt oder fühlt. Aufgrund der heutigen Hundehaltung und dem ständig wachsenden Druck auf Hundehalter ist es ebenfalls unumgänglich geworden, die Menschen auch darin zu schulen, wann ihr Hund Anzeichen von Stress zeigt und es zu Verhaltensauffälligkeiten kommen kann, weil der Hund unter- oder überfordert ist.

Auch die Lautäußerungen eines Hundes variieren in vielfältiger Weise. Können auch noch die verschiedenen Laute des Bellverhaltens vom Mensch unterschieden werden, würde es manchen Hunden, die aus reiner Aufregung bellen, erspart bleiben, wegen „aggressivem“ Bellen gemaßregelt zu werden. Das alles klingt nach sehr viel Theorie, aber dennoch halte ich es für wichtig, alle diese Punkte in ein gut fundiertes Training einfließen zu lassen.

Halten Sie es für sinnvoll, Kommunikationsmittel des Hundes (z. B. das Knurren) zu unterbinden?

Einzelne Situationen, und die Art und Weise wie, machen es davon abhängig, ob man das Kommunikationsmittel des Hundes unterbinden sollte. Jedem Hund sollte die Möglichkeit bleiben, seine artspezifische Kommunikation im Alltag einzusetzen, um sich mitteilen zu dürfen. Ein Knurren, das der Hund einmal einsetzt, um sich mehr Distanz zu schaffen, egal ob zu Mensch oder Hund, sollte nicht

Mir persönlich ist bisher noch kein Hund begegnet, der permanent versucht hat, seine Artgenossen oder sein Umfeld zu jedem Zeitpunkt seines Lebens zu beherrschen. Bei Menschen allerdings bin ich mir da nicht so sicher...

unterbunden werden. Vielmehr sollte überprüft werden, warum der Hund überhaupt Anlass dazu hatte und wie ich den Weg in eine vertrauensvolle Mensch-Hund-Beziehung finde, um dem Hund Wege aufzuzeigen, bevor der Konflikt entsteht. Zeigt der Hund jedoch ein übermäßiges Bellverhalten in einer immer wiederkehrenden Situation, macht es eventuell Sinn, diese Kommunikation zu unterbrechen. Auf gewaltfreie Art, versteht sich.

Welche Punkte erachten Sie in der Hundeausbildung/ Hundeerziehung als besonders wichtig?

In erster Linie sollten Menschen lernen, Respekt vor dem Lebewesen Hund zu haben. Ein respektvoller und fairer Umgang schafft eine gemeinsame Basis und Vertrauen. Vertraut der Hund seinem Menschen, ist er zu weitaus mehr Leistungen bereit und führt die ihm gegebenen Signale zuverlässig aus.

Für mich steht im Training eine individuelle Betreuung von Mensch und Hund auf gewaltfreier Basis im absoluten Vordergrund. Für die meisten Hundehalter ist es wichtig, dass ihr Hund „alltagstauglich" ist und seinen Menschen überall begleiten kann. Ein Hund, mit dem unter physischem oder psychischem Druck gearbeitet oder umgegangen wird, wird nur aus Angst vor der Konsequenz im Alltag „funktionieren".

Haben Sie eine spezielle Methode, nach der Sie Hunde ausbilden bzw. wie Sie das Hundeverhalten beeinflussen?

Nach vielen kynologischen Fachseminaren und einer fundierten Trainerausbildung bei animal learn hat mich dieses Trainingskonzept mehr als überzeugt, dass dies der richtige Weg ist, mit Hunden zu arbeiten und zu leben. Meine langjährige Berufserfahrung zeigt mir, wie viel Potenzial in jedem Hund steckt, wenn man die richtige Mischung aus gewaltfreiem Arbeiten und fairen, klaren Vorgaben findet. Gerade dann, wenn es um die Hunde geht, denen aufgrund verschiedener Verhaltensauffälligkeiten bereits keine Hoffnung mehr gegeben wurde. Eine souveräne Führung des Hundes ist nur dann gegeben, wenn der Mensch endlich versteht, dass Gewalt, physischer oder psychischer Druck oder Starkzwang im Umgang mit Tieren nicht notwendig ist.

Ist die positive Verstärkung eine nachhaltig wirkende Möglichkeit, Hunde zu erziehen bzw. auszubilden?

Auf der richtigen Ebene ist die positive Verstärkung durchaus nachhaltig, um Hunde zu trainieren, wenn diese in richtigem Maß eingesetzt wird! Meist spalten sich hier die Trainingsmethoden in der Hundeszene in verschiedene Richtungen. Auf der einen Seite wird das „gewaltfreie" Arbeiten in einem solchen Maß übertrieben, dass es für Hunde überhaupt keine klaren Linien mehr gibt. Fehlende Regeln oder mangelnde Grenzsetzungen sind genauso falsch wie die Vortäuschung der ganz anderen Seite, die mit positiver Verstärkung wirbt und in diesen zwei Worten jedoch etwas ganz anderes sieht. Das Arbeiten mit dieser „positiven Verstärkung" sieht für den Hund in der Realität dann meist ganz anders aus und bedeutet eher, dass sehr unangenehme Dinge (wie ein Ruck an der Leine, Tritte oder Schläge) aufhören und dies dann „positiv" für den Hund ist! Es ist schon tierschutzrelevant, wenn man sieht, wie, man mag sie so gar nicht nennen, Trainerkollegen einen Hund in die Seite treten, nur damit er sich hinter seinem Menschen „einordnet", oder an der Leine geruckt wird, bis es den Hund durch die Gegend schleudert, um den Hundehaltern dann zu erklären, wie notwendig und positiv ein solcher „Impuls" sein kann. Das alles passiert aus Angst vor dem Kontrollverlust über den Hund! Und das wird den Menschen ebenfalls als positive Verstärkung verkauft!

Eine wirklich positive Verstärkung wie verbales Lob, ein Hundekeks zum richtigen Zeitpunkt oder ein Spiel nach einer richtigen Handlung wird den Hund auch weiterhin und auf Dauer motivieren, das gewünschte Verhalten zu zeigen.

Eine solche Motivation schafft Vertrauen und somit eine gute Basis für ein harmonisches Miteinander zwischen Hund und Mensch.

Ist die negative Verstärkung eine nachhaltig wirkende Möglichkeit, Hunde zu erziehen bzw. auszubilden?
Grenzsetzungen und Leitlinien sind sehr wichtig, um dem Hund einen gewissen Rahmen vorzugeben. Genauso wichtig wie die Freiräume, die jedes Lebewesen benötigt.

Für mich steht es völlig außer Frage, ob ich bei einem Tier Druck oder Strafe anwenden würde. Grenzen lassen sich auch mit liebevoller Ruhe, richtigem Einsatz der Stimme und Souveränität aufzeigen.

Wie oft beobachte ich, dass Hunde ständig gegängelt oder bestraft werden. Meist deshalb, weil es die Menschen nicht anders wissen. Manchmal geht es dabei aber auch um Machtspielchen, die diese Menschen in ihrem Leben sonst nicht ausleben können. In diesem Fall hat ganz bestimmt nicht das Tier ein Persönlichkeitsproblem!

Vielen ist auch gar nicht bewusst, was eine Strafe wirklich bedeutet. Eine Strafe müsste in weniger als einer Sekunde ein Verhalten derartig abbrechen, dass das Lebewesen, das bestraft wurde, diese Handlung in seinem ganzen Leben nicht mehr zeigt. So geht man mit keinem Mensch um und erst recht nicht mit Tieren!

Welche Abbruchsignale halten Sie für sinnvoll?
Hier ist doch eher die Frage: „Was kann ich denn bereits tun, bevor der Hund unerwünschte Handlungen zeigt?“

Generell lenken wir unsere Kunden auf mehr Sensibilität im Alltag und ein verantwortungsbewusstes Handling des Hundes. Das allein „beschützt“ die Hunde schon vor viel zu vielen „Nein“ und „Aus“. Manchmal habe ich das Gefühl, einige Hunde, die zu uns ins Training kommen, denken, sie heißen „Nein“!

Vor zu viel Kontrolle ist dringend abzuraten! Nehmen wir das altherkömmliche Beispiel des Trainings zur Futter- und Spielzeugabgabe. Es wird leider immer noch empfohlen, den Hunden Futter oder Spielzeug abzunehmen, um die „Rangposition“ des Menschen zu stärken. Tatsächlich aber zeigen sehr viele Hunde bereits nach kurzer Zeit eines solchen Trainings eine heftige Futter- oder Beuteaggression! Wen wundert es? Denn schließlich ist auch kein Mensch erfreut, wenn ihm ständig beim Essen sein Teller weggenommen wird!

Selbstverständlich muss ich meinen Hund unter Kontrolle haben und ich lege auch viel Wert auf ein sicheres Ausführen der alltäglichen Signale, die ein Hund kennen sollte. Hat der Hund Vertrauen zu seinem Menschen, wird er sich auch ohne weiteres und mit viel Freude von einer Ablenkung abrufen lassen oder eine „Beute“ dann mit seinem Menschen teilen, wenn der Mensch das mal für nötig hält.

Je nach Hundecharakter und Eigenschaften gilt es dann die täglichen Grenzen festzulegen. Das heißt, einen Hund, der sehr territorial veranlagt ist, muss ich auch jederzeit in einer Situation ausstoppen können, während der liebe Hund von nebenan vielleicht nur lernen soll, dass er keine Pferdeäpfel frisst.

Der Sozialkontakt zu Artgenossen ist für jedes Lebewesen sehr wichtig. Jedoch spielen die Lebensumstände eine Rolle, denn ein Hund, der bei seinem täglichen Spaziergang Hunde trifft, benötigt nicht unbedingt weitere „Hundepartys“.

Immer wieder ist der Begriff „Konsequenz“ in der Hundeausbildung zu hören. Was bedeutet dieser Begriff für Sie?

Konsequenz gehört in unser alltägliches Leben. Jeder von uns hat irgendwann erfahren, was es heißt, wenn es strenge oder gar keine Konsequenzen auf unser Tun gibt. Bei Hunden ist das natürlich ähnlich. Ich finde, dass Konsequenz in der Hundeerziehung auch etwas mit Disziplin zu tun hat. Nämlich der Disziplin, die ich als Mensch benötige, um auch immer konsequent zu sein. Da beginnen dann nämlich oft schon die Probleme, denn nur wenn Ich immer konsequent bin, wird der Hund seine klaren Regeln kennen lernen und sie auch einhalten.

Ein Hund springt Menschen an... ist der Mensch dann IMMER so konsequent und nimmt den Hund auf freundliche Weise IMMER zu sich heran, an die Leine oder lenkt ihn ruhig um, bevor er hochspringen kann? Das wäre die Theorie zur richtigen Konsequenz, der Alltag sieht meist so aus, dass der Hund die Konsequenz spürt, weil der Mensch, der zuvor nicht aufgepasst hat und somit nicht konsequent war, dann nach dem Anspringen „Aus“, „Runter“ oder „Nein“ schreit und seinen Hund bestraft. Das genau ist NICHT die Konsequenz, die in der Hundeerziehung angewandt werden sollte.

In der Hundeerziehung gehört also eine liebevolle und klare Konsequenz dazu, gepaart mit viel Disziplin für den Menschen und Gerechtigkeit für Hunde!

Wie und ab wann kann und sollte man mit der Ausbildung/ Erziehung bei Welpen beginnen?

Im Prinzip beginnt das Lernen bereits am ersten Tag des Einzugs, da der Hund sich neu orientieren muss und lernt bzw. „ausgebildet“ wird, was seinen späteren Alltag betrifft. Bereits in dieser Phase des Einlebens sollten die Hundehalter eine fachkompetente Betreuung und theoretische Grundlagen zum Hundealltag erhalten. Ab wann mit dem vielseits gewünschten „sitz, Platz, Fuß“ begonnen wird, hängt von dem einzelnen Hund, ob Früh- oder Spätentwickler, ab. Gehen wir davon aus, der Welpe wurde mit etwa der neunten Lebenswoche in das neue Zuhause aufgenommen, dann liegt der Beginn des Hundetrainings oft grob im Alter zwischen der 12. und 16. Lebenswoche. Bis zu diesem Zeitpunkt ist der Welpe bereits voll geimpft und hat sich in seinem neuen Zuhause auch gut eingelebt.

Von einer völligen Reizüberflutung, gerade während der zweiten Fremdelphase, die in etwa mit 4 ½ Monaten beginnt, rate ich dringend ab. Der Welpe reagiert in dieser Zeit viel sensibler und kommt durchaus mit seinem weiteren Leben klar, wenn er bis zu diesem Zeitpunkt noch nicht im Zoo, im Kindergarten, am Bahnhof oder am Flughafen war.

Wenn bei uns ein Welpe in die Familie kommt, was sehr selten passiert, da wir unsere Hunde meist im erwachsenen Alter aus dem Tierschutz übernehmen, lernt dieser zuerst einmal den regulären Alltag kennen. Training oder Übungen beginne ich dann erst viel später.

Hunde sind bekanntermaßen soziale Lebewesen. In welchem Umfang muss ich meinem Hund Kontakt zu Artgenossen bieten?

Der Sozialkontakt zu Artgenossen ist für jedes Lebewesen sehr wichtig. In welchem Maße einem Hund Sozialkontakte ermöglicht werden sollten, hängt von mehreren Faktoren ab. Zum Beispiel von Charaktereigenschaften des Hundes, denn auch hier gibt es – wie bei Menschen – die Eigenbrötler, die sich selbst genug sind, andere Hunde kurz begrüßen und dann wieder ihres Weges gehen oder die Partysüchtigen, die vor Freude durchdrehen, wenn sie ein anderes Lebewesen sichten. Für letzteren ist es durchaus sinnvoll zu lernen, dass man nicht jeden Artgenossen völlig überschwänglich begrüßen muss.

Die Lebensumstände spielen eine Rolle, denn ein Hund, der bei seinem täglichen Spaziergang Hunde trifft, benötigt nicht unbedingt weitere „Hundepartys". Hunde, die in ihrem geregelten Alltag nur wenig Möglichkeit zu Sozialkontakten haben, sollten wenigstens ab und an die Möglichkeit haben, ihr Sozialverhalten mit Artgenossen zu pflegen. Zum Beispiel bei gemeinsamen Spaziergängen mit einem Hundefreund oder in dem wöchentlichen Gruppenkurs in der Hundeschule.

Generell wäre es natürlich wünschenswert, dass Hunde nicht alleine in einer Familie leben müssen und im heimischen Hundebett noch mindestens ein passender Artgenosse kuschelt.

Was verstehen Sie unter „Freiheiten" eines Haushundes (frei in der Wohnung bewegen, Freilauf etc.) und wie viele Freiheiten soll man Ihrer Meinung nach einem Hund zugestehen?
Freiheit bedeutet für mich, nach Herzenswunsch zu leben, wie es mir gefällt und eine eigene Meinung vertreten zu können. Diese Freiheit würde ich auch jedem Hund wünschen. Die Freiräume für Hunde sollten so groß wie möglich gestaltet werden. Dazu zählen für mich Dinge wie zum Beispiel sich frei im Haus bewegen und seinen Kuschelplatz frei wählen zu können, ohne Absperrung zu bestimmten Wohnbereichen, weil man keine Hundehaare im Schlafzimmer haben will. Kuscheln da, wo ich als Mensch gerne liege, wie zum Beispiel auf dem Sofa. Der tägliche Freilauf bei einem ausgiebigen Spaziergang oder zumindest auf einem gesicherten Gelände, ohne dass der Mensch ständig panisch hinter dem Hund herruft oder ihn gängelt. Die Freiheit selbst Entscheidungen zu treffen, ohne ständige Kommandos ausführen zu müssen, wie zum Beispiel während einem Besuch im Restaurant. Wir betreten ein Restaurant und wählen uns unseren Platz frei aus. Wir setzen uns auf den Stuhl, der uns am angenehmsten scheint, vielleicht mit Blickrichtung zur Tür oder geschützt in einer Ecke. Aber kaum sitzen wir, auf einem von uns frei gewählten Platz, schon erhält der Hund das Kommando „Jetzt mach mal schön Platz", „Leg Dich hin". Warum darf ein Hund nicht erst einen Moment stehen, um sich umzusehen, und dann selbst wählen, ob er sitzen, stehen oder liegen möchte? Oder das Schwätzchen auf dem Spazierweg mit einem anderen Hundehalter. Wieso gehen wir Menschen immer davon aus, dass der Hund in dieser Zeit dann schön „sitz" machen muss?

Freude auszudrücken ist für mich ebenfalls Freiheit. Hunde sollten sich freuen dürfen, wenn es, zum Beispiel im Auto, zu einem bestimmten Ziel geht. Haben Sie schon einmal mit Ihrem Hund um die Wette gejault und den strahlenden Gesichtsausdruck gesehen? Falls ja, dann wissen Sie genau, was ich meine!

Freiraum bedeutet für mich, einfach auch mal auf die Wünsche eines Hundes einzugehen. Sofern ich die Zeit dazu habe, bin ich für Kuschel- oder Spielaufforderungen gerne zu haben und ich muss auch nicht immer unseren Spazierweg bestimmen.

Welche technischen Hilfsmittel (div. Halsbänder etc.) halten Sie in der Hundeerziehung für sinnvoll – und warum?
Die einzigen Hilfsmittel, die ich beim Handling und zum Führen eines Hundes verwende, sind ein gut sitzendes Brustgeschirr, das dem Hund genügend Bewegungsfreiheit gibt und, wenn er angeleint sein muss, eine angemessen lange Leine von mindestens drei Metern Länge. Ich lehne generell jegliche Trainingsmethoden ab, die dem Hund Schmerzen zufügen, und gewaltfreier Umgang mit dem Hund beginnt für mich bereits damit, dass ich dem Hund in seinem sensiblen Halsbereich keine Schmerzen

zufüge – sprich, ihn nicht an einem Halsband führe. Selbst wenn ich nicht an der Leine rucke, so kann es jederzeit vorkommen, dass der Hund durch einen Reflex von sich aus in die Leine rennt. Beim Brustgeschirr wird der gesamte Druckpunkt auf den Brustbereich verlagert und schont somit den Bewegungsapparat des Hundes. Die Vorteile des Brustgeschirrs überwiegen deutlich, und wenn mein Hund sehr viel frei läuft und gut hört, spricht auch nichts dagegen, den Hund „nackt" zu lassen. Hunde genießen das!

Die Leine in entsprechender Länge gibt dem Hund dann noch zusätzlich die Möglichkeit, sich freier zu bewegen und lässt auch mal Erkundungsschnüffeln beim Spaziergang zu.

In extrem seltenen Fällen setze ich einen Maulkorb ein. Grundvoraussetzung dazu ist jedoch ein sehr gutes Gewöhnen an den Maulkorb und eine gute Einweisung an den Hundehalter, wann genau der Hund einen Maulkorb tragen sollte.

Welche technischen Hilfsmittel lehnen Sie ab?

Ich lehne grundsätzlich Hilfsmittel ab, die dem Hund physischen oder psychischen Schaden zufügen können. Das heißt Zug-Stopp-Halsband, Moxonleine, Halti, Kettenwürger, Stachelhalsband, Disc Scheiben, Rütteldosen, Sprühhalsbänder oder Reizstromgeräte und was sonst noch so auf dem Markt herumirrt sollten niemals in einem Training zum Einsatz kommen.

Trainer, die solche Hilfsmittel einsetzen, haben keinerlei fachliche Kompetenz und wissen nicht anders mit einem Lebewesen umzugehen. Manche kontroll- und rangordnungsabhängigen Trainer behaupten ja tatsächlich, all diese Dinge sollten auch zum Einsatz kommen, wenn es sie schon gibt. Schade nur, dass solche „Kollegen" völlig ahnungslos sind, wie sie mit einem Hund richtig umgehen müssen, um all den Schwachsinn im Ladenregal liegen zu lassen!

Welche ethischen und moralischen Aspekte sollten Menschen beim Umgang mit Hunden und in der Hundeerziehung berücksichtigen?

Die Hundehaltung wird zu der heutigen Zeit immer schwieriger. Rasselisten, Hundeverbote, Gesetze und Verordnungen sowie die abnehmende Toleranz gegenüber Hundehaltern sind ein großes Thema geworden.

Der Druck auf Hundehalter wächst, man hat Angst, mit einem Hund aufzufallen. Das führt dazu, dass Hunde ständig unter Kontrolle stehen und Menschen in ihrer Not oder Unwissenheit zu Erziehungsmethoden greifen, die dem Körper oder der Seele eines Hundes schaden. Hauptsache, der schnelle Trainingserfolg stellt sich ein. Ob der Hund Angst hat, Vertrauen zu seinem Menschen verliert oder das vermeintlich schnell Erlernte überhaupt dauerhaft zu einem Erfolg führt, rückt in den Hintergrund. Niemand nimmt sich mehr Zeit, das Tier Hund zu verstehen oder darauf zu achten, dass dem uns anvertrauten Lebewesen keine Schmerzen zugefügt werden. Zudem steht das menschliche Interesse viel zu sehr im Mittelpunkt bei der Auswahl und Haltung eines Hundes. Statt einem Hund aus dem Tierschutz eine Chance zu geben, werden noch weitere Hunde vermehrt und neue Moderassen erfunden.

RESPEKT und VERSTÄNDNIS sollten im absoluten Vordergrund stehen: Respekt und Verständnis gegenüber Hundehaltern. Respekt und Verständnis gegenüber unseren Hunden.

MARTINA ALBERT

Geboren 1962

Hundeschule:

Teamwork – Schulungszentrum für
Mensch und Hund
Vockestr. 1
D-37235 Hessisch Lichtenau
E-Mail: info@teamwork-albert.de
http://www.teamwork-albert.de
Tel.:+49 (0)5602 91 58 47
Fax: +49 (0)5602 91 58 49

Arbeitet als Trainerin seit:
1995

Angebote der Hundeschule:

- Qualifizierte Beratung und Schulung vor, während und nach Anschaffung eines Hundes
- Individuell auf die jeweiligen Bedürfnisse abgestimmte Einzeltrainings
- Hausbesuche
- Übungseinheiten an den Orten, wo ein eventuelles Problemverhalten üblicherweise auftritt
- Tierpsychologische Beratung und Verhaltenstherapie, ggf. mit Unterstützung durch Blütenessenzen aus aller Welt und/ oder klassische Homöopathie
- Sozialisierungsspaziergänge
- Verhaltenskorrektur mit Videoanalysen
- Tellington TTouch® und TTEAM®-Bodenarbeit
- Spiel- und Spaßgruppe für „alte Hasen"
- Speziell auf die jeweiligen Wünsche oder Bedürfnisse der Kunden abgestimmte mehrtägige Ferientrainings mit der Möglichkeit der Unterbringung hier im Haus
- Nasenarbeit in vielen Variationen (Fährte, Verloren-Suche, Flächensuche, Zielobjektsuche, Stoffidentifikation, Rauchmeldertraining, Personensuche...)
- Clickertraining für Anfänger und Fortgeschrittene
- Longierarbeit
- Zughundtraining am Sacco-Cart
- Vorträge, Workshops und mehrtägige Intensiv-Seminare
- Ernährungsberatung

Wie sind Sie auf den Hund gekommen?
Woodstock war ein Geschenk meines Mannes zu einem Zeitpunkt, als ich dabei war, nach einer Krebsdiagnose meinen Lebensmut zu verlieren...

Wie viele Hunde haben Sie und was für welche? Und wie heißen sie?
Ich habe grundsätzlich nie mehr Hunde als ich Hände habe, also sind es momentan auch wieder zwei. Shadow, ein Golden Retriever Rüde von mittlerweile 9 Jahren (ein Kundenvermächtnis...) und Lana, eine schwarze Bonsai-Schäferhündin, ebenfalls geschätzte 9 Jahre, aus dem Tierheim.

Haben Sie noch weitere Haustiere? Falls ja, welche und wie viele?
Muffin, eine schwarze Sibirische Waldkatze, 16 Jahre; Kinski, Zwergkaninchen, 10 Jahre und Lola, Zwergkaninchen, 5 Jahre

Mit wie vielen Hunden haben Sie bisher zusammen gelebt?
Mit vier.

Warum sind Sie Hundetrainerin geworden?
Ich wollte es besser machen, als ich es (nach professioneller(!) Anleitung...) beim ersten Hund gemacht habe. Damals hieß es: „Du musst den Hund brechen und dann wieder aufbauen – es gibt keinen anderen Weg!" Das Ergebnis war ein Hund, der zwar gut gehorcht hat, aber nur weil er Angst vor mir hatte, und der zudem nach und nach jede Menge unerwünschter Nebenwirkungen durch den angeblich sachgerechten Einsatz eines Stromreizgerätes und der gelebten „Dominanztheorie" entwickelte.

Was finden Sie an diesem Beruf am schwierigsten/ anstrengendsten?
Kunden, deren Hund perfekter sein soll, als sie selbst es sind.

Und was am schönsten?
Wenn Mensch und Hund mit meiner Unterstützung und Hilfe zu einem Dreamteam zusammengewachsen sind.

Welche Mindestvoraussetzungen sollten Ihrer Meinung nach erfüllt werden, wenn man als Trainer arbeiten möchte?
Solides und breit gefächertes Grundwissen rund um den Hund inklusive rassespezifische Eigenheiten, den Willen zu ständiger Weiterbildung, eine stabile und belastbare Psyche (und möglichst auch Gesundheit), Freude am Umgang mit MENSCHEN(!) ...und natürlich Tieren, einiges an rhetorischem Geschick und die Fähigkeit, logisch zu denken, gute soziale Umgangsformen (immerhin ist dies ein Dienstleistungsberuf), Mut, bei Kollegen mit mehr Erfahrung die Dinge zu hinterfragen und nicht einfach unkritisch übernehmen, was angeblich „bewährt" ist, ein gesundes Selbstbewusstsein, aber auch angemessene Kritikfähigkeit plus ein großes Maß an Kreativität, Toleranz, Flexibilität und Geduld (und zwar mit sich und anderen).

Wie lautet Ihre Trainingsphilosophie?
Für mich gibt es keinen denkbaren Grund in der Erziehung von Hunden Starkzwang oder Gewalt anzuwenden. Mein Motto für eine harmonische Beziehung zwischen Menschen und Hunden lautet daher: Miteinander leben – voneinander lernen, füreinander da sein und sich dabei aufeinander verlassen können.

Wie haben sich Ihr Leben und Ihr persönliches Umfeld verändert, seit Sie mit Hunden arbeiten?
Ich bin auf alle Fälle ein komplett und total anderer Mensch geworden... ob besser kann ich nicht beurteilen – aber jedenfalls fühlt es sich sehr viel besser an!

Drehte sich früher alles um gutes Aussehen, größtmögliches Ansehen und viele möglichst einflussreiche „gute Bekannte", geht es mir heute in erster Linie um ein harmonisches Familienleben auf dem Land zusammen mit meinem Mann und den Tieren, ganz viel innere Ruhe und Zufriedenheit und wenige, aber dafür verlässliche Freunde. Man kann also sagen, ich bin im Leben angekommen und darf den für mich schönsten Job der Welt machen. Und „Beruf" kommt ja auch von „Berufung"...

Was ist Ihnen in der Mensch-Hund-Beziehung am wichtigsten?
Vertrauen, eine funktionierende Verständigung und gegenseitiger Respekt.

Wenn Sie ein Hund wären, was für einer wären Sie?
Da hab ich mir ehrlich gesagt noch nie Gedanken drum gemacht... Wahrscheinlich aber ein seeehr exklusiver, mittelgroßer Mischling mit eigenem Kopf und hoffentlich verständigen und einigermaßen toleranten Menschen.

Ihr Lebensmotto?
Da halte ich es mit Heinz Rühmann, der gesagt hat: „Man kann auch ohne Hund leben – aber es lohnt sich nicht!

INTERVIEW:

Was verstehen Sie unter einem Rudel?

Einen gewachsenen Familienverband derselben Spezies, meist Beutejäger.

Glauben Sie, dass die Verhaltensmuster, die Hunde untereinander in einem Hunderudel zeigen, auf die Mensch-Hund-Beziehung übertragbar sind?

Sicherlich nicht im Verhältnis 1:1, aber in weiten Teilen durchaus.

Welche Bedeutung hat für Sie die Rangordnung innerhalb einer Hundegruppe?

In einer sich ständig ändernden Gruppe gibt es keine hierarchische oder lineare Rangordnung, was nicht heißt, dass es nicht vorkommen kann, dass sich ein Tier situationsbezogen dominant einem anderen gegenüber verhalten kann.

In einer Hundegruppe, die ja in der Regel aus Tieren mehrerer Rassen, verschiedener Herkunft und mit den unterschiedlichsten Erfahrungen besteht, welche vielleicht in einem Haushalt über Monate hinweg sozusagen zusammengewachsen ist, wird sich eine lockere Arbeits- und Aufgabenteilung einspielen.

Einem Tier ist möglicherweise die Sicherheit und Unversehrtheit des Territoriums besonders wichtig, einem anderen die Einhaltung bestimmter Distanzen, eines ist ein hervorragender und raffinierter Futterbeschaffer und der vierte hat seine Prioritäten bei der „Freizeitgestaltung". Jeder könnte auf seinem „Spezialgebiet" einen Führungsanspruch erheben und die anderen würden ihn dann meistens gewähren lassen (so er seine Sache denn gut macht) oder ihn ggf. unterstützen. Energiesparende Arbeitsteilung zum Wohle der Gemeinschaft eben.

Gibt es in Hundegruppen Alphatiere?

Nein, siehe oben.

Wie definieren Sie „Dominanz"?

Übersetzen würde ich es am ehesten als [eine von einem Individuum empfundene oder (nicht unbedingt körperlich) gezeigte] „Überlegenheit".

Eine Dominanzbeziehung zwischen zwei sozialen Lebewesen (derselben Art) ist niemals statisch(!), sondern immer abhängig von der jeweiligen Situation, dem Zeitpunkt (z. B. Alter, Hormonstand, Biorhythmus), dem „Thema", um das es momentan geht, dem Vertrauensverhältnis, den äußeren Umständen und inneren Befindlichkeiten der beiden Individuen.

Haben alle Hunde das Bedürfnis andere Mitglieder ihrer sozialen Gruppe zu dominieren?

Quatsch! Es ist doch viel energiesparender und bequemer, sich leiten zu lassen, als das selbst zu tun. Nur wenn durch Unfähigkeit des „Leithammels" das eigene Wohlergehen und die Sicherheit gefährdet sind, muss man notgedrungen die Dinge selbst in die Hand nehmen.

Es gibt jedoch Individuen (auch konstitutionell bedingt), die durchaus „drauf stehen", sich immer mal wieder mit anderen zu messen oder auch bestimmte Zeiten (z. B. in der Pubertät, hormonelle Imbalancen), wo man mal testen muss, wie weit man bei wem gehen kann, wer sich evtl. beeindrucken lässt oder wie viel man nehmen kann, ohne zu geben...

Wahre Führerschaft hat jedoch nichts mit Kraft, Größe, Aggressivität oder (unberechtigten) Herrschaftsansprüchen zu tun, sondern eher mit Souveränität, Ruhe, Weitsicht, Rücksicht, innerer Größe, Ausgeglichenheit, Achtsamkeit, Verantwortungsbewusstsein, stoischer Gelassenheit, Berechenbarkeit und Sicherheit. Besitzt ein Hund der

Gruppe diese Qualitäten und lebt sie, dann wird ihm die Position eines Leittieres sehr wahrscheinlich von den anderen angetragen, und zwar dadurch, dass sie sich im Zweifelsfall oder in neuen Situationen an ihm orientieren.

Die meisten Menschen sind nicht in der Lage, die Kommunikationsmittel der Hunde (körper- oder lautsprachlich) zu verstehen. Das Erkennen welcher Kommunikationsmittel der Hunde halten Sie für besonders wichtig?
Die gesamte Palette der Körper- und Lautsprache (inkl. rassespezifische Besonderheiten), Beruhigungssignale, agonistische Verhaltensweisen, Stressreaktionen, Übersprungshandlungen, Schmerz- und Unwohlseinsäußerungen.

Halten Sie es für sinnvoll, Kommunikationsmittel des Hundes (z. B. das Knurren) zu unterbinden?
Keinesfalls würde ich einem Hund das Knurren verbieten! Es ist ein Warnsignal. Wie sonst soll er mitteilen, dass er sich belästigt, bedroht, verunsichert, verärgert oder sonst wie unwohl fühlt?

Ich habe selbst momentan einen Retriever, dem in seiner vorigen Familie das Anknurren von Menschen erfolgreich (?) untersagt wurde – worauf er die Kinder im Haushalt dann ohne vorherige Warnung abgeschnappt und verletzt hat, als sie ihn mit ihren „Liebesbeweisen“ zu lange und zu arg bedrängt haben...

Das Kommunikationsmittel Bellen würde ich (z. B. in Form von zu trainierendem Alternativverhalten) in akzeptable Bahnen zu lenken versuchen, jedoch nicht unterdrücken wollen.

Die olfaktorische Kommunikation in Form von Urinmarken sollte im Normalfall dort erlaubt sein, wo es niemand anderen belästigt oder schädigt.

Visuelle Kommunikation unterbreche ich (durch ein Umlenkkommando = „Das reicht jetzt“) nur dann, wenn es wie z. B. bei meiner eigenen Hündin (gern und immer mal wieder) in Pöbelei oder Provokation auszuarten droht.

Welche Punkte erachten Sie in der Hundeausbildung/ Hundeerziehung als besonders wichtig?
Für den Hund: gelebte Souveränität seiner Zweibeiner, Eindeutigkeit in der verbalen und nonverbalen Kommunikation und liebevolle Konsequenz. Darüber hinaus sinnvolle Rituale, erkennbare Strukturen, klare Grenzen und ein respektvoller und achtsamer Umgang.

Das Eingehen auf seine ganz individuellen Stärken und Schwächen, positive Verstärkung erwünschten Verhaltens, Spaß am Leben und am Lernen haben, gefördert werden, ohne sich überfordert zu fühlen...

Für den Hundeführer: Hintergrundwissen über Ausdrucks- und Lernverhalten sowie Motivationstechniken und Timingübungen: Liebevolle Konsequenz, Selbstkontrolle und Selbstbeherrschung, Verantwortungsbewusstsein, Einfühlungsvermögen, unmissverständliche Kommunikation, Geduld und Verständnis. Eigene körperliche und emotionale Balance, Sicherheit vermitteln können, agieren statt reagieren und keine Trennung zwischen Schulstunden und Freizeit ziehen. Darüber hinaus: das Tier als Tier respektieren und auch seine Lehrerfähigkeiten anerkennen, Schwächen seines Tieres erfassen und zum Wohle aller Beteiligten mindern sowie Stärken so fördern, dass sie gut in den Alltag passen.

Für den Trainer: Freude am Umgang mit Hunden UND Menschen. Verständnis für beide „Parteien“ eines Mensch-Hund-Teams. Menschenkenntnis, soziale Kompetenz, höfliche Umgangsformen und ein umfassendes Hundewissen. Dieses Wissen sollte man dann aber auch an den Mann/ die Frau

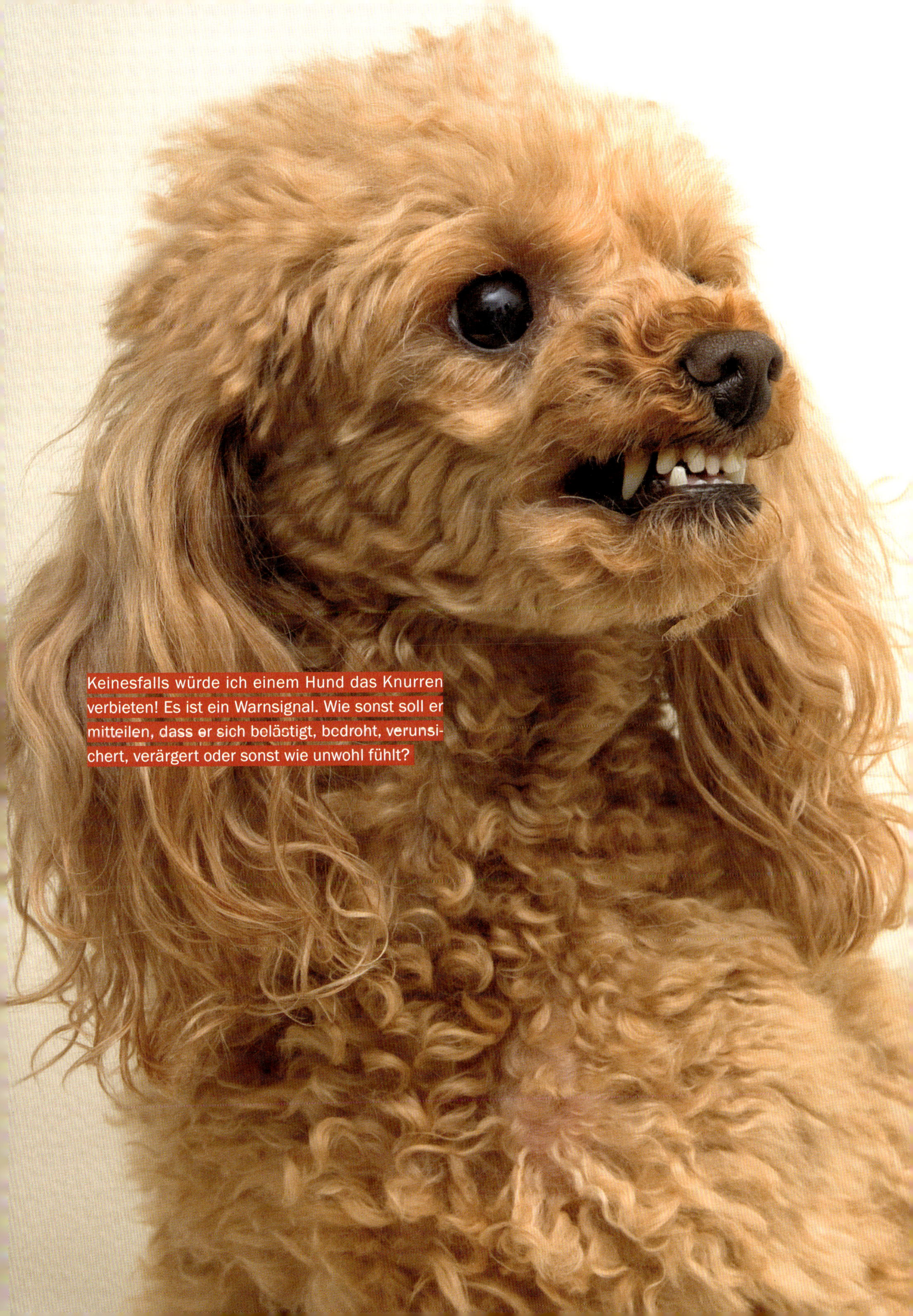

Keinesfalls würde ich einem Hund das Knurren verbieten! Es ist ein Warnsignal. Wie sonst soll er mitteilen, dass er sich belästigt, bedroht, verunsichert, verärgert oder sonst wie unwohl fühlt?

bringen können. Sich ständig weiterbilden – dabei ruhig auch mal nach rechts und links gucken und die Scheuklappen abnehmen –, man lernt in diesem Job schließlich niemals aus... Wissen, wann man einen Kunden an einen Kollegen/ eine Kollegin weiterleiten muss, der sich vielleicht mit dem aktuellen Problem des Kunden oder Hundes besser auskennt oder mehr Erfahrung hat. Professionalität, Verantwortungsbewusstsein, Einfühlungsvermögen, Flexibilität, Toleranz und Geduld. Sich immer wieder neu einstellen auf die ganz individuellen Wünsche, Bedürfnisse, Sorgen, Neigungen, Nöte und Eigenheiten des nächsten Mensch/ Hund Teams – weil man mit Sicherheit auch von diesem wieder etwas lernen kann, während man sie unterrichtet.

Für mich wichtige Übungen im Hundetraining sind:
Ein sicheres (!) Rückrufsignal,
Leinenführigkeit,
„Aufpassen“,
„Warte“,
„Weiter“,
„Hinten bleiben“,
„Gib es mir“,
„Andere Seite“,
„Langsam“,
„Geh auf deine Decke“,
Allein bleiben,
„ah-ah“,
Auto- bzw. Beförderungsroutine,
Kommunikativer Spaziergang,
Medical Training...

Und darüber hinaus alles, was der Mensch seinem Hund gern beibringen oder abgewöhnen möchte, was Sinn macht, in dessen Möglichkeiten liegt und ihn weder körperlich noch in seiner Würde verletzt.

Als Beschäftigungstherapie leite ich Leute gerne an, ihre Hunde zu prima „Haushaltshelfern“ auszubilden, mache mit den Teams oft variantenreiche Clickerübungen (besonders wichtig zur Verbesserung des Timings und des Fokussierens auf die positiven Ansätze des Hundes), vielfältige Suchübungen oder auch anspruchsvolle Nasenarbeit wie die Stoffidentifikation oder das Rauchmelder-Training.

Haben Sie eine spezielle Methode, nach der Sie Hunde ausbilden bzw. wie Sie das Hundeverhalten beeinflussen?

Beim Training arbeite ich zu 90% im Einzelunterricht, um ganz gezielt und individuell auf das jeweilige Mensch-Hund-Team und dessen Anliegen eingehen zu können. Die Unterrichtseinheiten werden sowohl zeitlich als auch inhaltlich immer den Bedürfnissen des Kunden und der Leistungsfähigkeit des Hundes angepasst und an unterschiedlichen, zum jeweiligen Trainingsziel passenden Örtlichkeiten abgehalten.

Meine Intention ist es immer, die Ursache von Problemverhalten zu lokalisieren und zu beseitigen und mit dem Hundehalter nicht nur an den Symptomen zu arbeiten.

In den meisten Fällen kommen irgendwann im Verlauf des Trainings der Tellington TTouch® und/ oder die TTEAM®-Bodenarbeit zum Einsatz, sei es um den Hundehaltern etwas zu verdeutlichen (körperliche Problemzonen des Tieres, Befindlichkeits- oder Mobilitätsstörungen, Dysbalancen im Körper, die sich im Verhalten spiegeln, eigene „Führungsschwächen“ u.v.m.) oder um ihnen Tricks und Tipps zur GesundheitsVOR- bzw. -FÜRsorge zu vermitteln, Unsicherheiten auf beiden Seiten abzubauen und überdies die Bindung zwischen Mensch und vierbeinigem Partner zu vertiefen.

Meine Kunden können bei mir auch ganz individuelle mehrtägige Urlaubstrainings buchen, da wir eine sehr großzügige und gemütliche Ferienwohnung direkt im Haus haben und in idyllischer, ruhiger Umgebung wohnen.

In der Verhaltenstherapie arbeite ich gern und seit Jahren sehr erfolgreich mit Blütenessenzen aus aller Welt, über die ich auch ein Buch geschrieben habe („Blütenessenzen für unsere Hunde"; animal learn Verlag; 2007).

Ggf. unterstütze ich die Tiere (und damit auch den Trainingserfolg) mit dem individuell passenden homöopathischen Konstitutionsmittel und die Hundeführer auch gern mal mit dem Touch for Health, also angewandter Kinesiologie.

Ist die positive Verstärkung eine nachhaltig wirkende Möglichkeit, Hunde zu erziehen bzw. auszubilden?

Ja, denn was der Hund sich selbst erarbeitet hat, ist in seinem Gehirn sehr sicher abgespeichert, wird erfahrungsgemäß jederzeit gerne gezeigt und so gut wie nie verweigert.

Diese Art des Trainings steigert zudem das Selbstvertrauen des Hundes und damit auch sein Vertrauen in seine Umwelt. Ein Mangel an Selbstvertrauen ist ganz oft die Ursache für vielfältiges Problemverhalten von Hunden, wie alle Arten von Ängsten, Leinenaggression, übermäßige Lautgebung, mangelnder Bindungswille, Intoleranz gegenüber Besuchern oder Pflegemaßnahmen... usw.

Ist die negative Verstärkung eine nachhaltig wirkende Möglichkeit, Hunde zu erziehen bzw. auszubilden?

Wenn man denn einen Hund möchte, der nur aus Angst vor Strafe gehorcht???

Nein, diese Methode kommt nach sehr negativen Erfahrungen mit meinen eigenen Hunden vor etlichen Jahren für mich heute nicht mehr in Frage!

Der Vertrauensmissbrauch und -verlust, die erlernte Hilflosigkeit und die immense Gefahr von Fehlverknüpfungen sind in meinen Augen den – wie manche behaupten – einfacheren(?) oder schnelleren(?) Erziehungserfolg(?) definitiv nicht wert!!!

Welche Abbruchsignale halten Sie für sinnvoll?

Ich nutze in der Regel ein tief moduliertes „NO" oder ein geknurrtes „ah-ah" als konditionierte Warnung, denn natürlich muss jeder Hund auch lernen, Grenzen zu akzeptieren und Regeln einzuhalten. Nur in absoluten Ausnahme- und Härtefällen könnte ich mir auch bei einigen wenigen Klienten vorstellen, die Trainings-Discs von John Fisher sauber zu konditionieren, was aber allein deshalb schon nachteilig ist, weil man dann im Alltag die Scheiben auch immer dabei und vor allem griffbereit haben müsste... Ein kleiner Vorteil liegt jedoch darin, dass der Klang dieses Abbruchsignals immer gleich ist und (im Gegensatz zur Stimme) keine Emotionen transportiert.

Immer wieder ist der Begriff „Konsequenz" in der Hundeausbildung zu hören. Was bedeutet dieser Begriff für Sie?

Fairness, Klarheit, Eindeutigkeit, Berechenbarkeit, Sicherheit.

Wie und ab wann kann und sollte man mit der Ausbildung/ Erziehung bei Welpen beginnen?

Spielerisch so früh wie möglich, aber mit ganz vielen Ruhepausen.

Übungen zur Körperwahrnehmung gehören für mich unbedingt dazu, denn Selbstvertrauen (im wahrsten Sinne des Wortes) ist die Quelle des Vertrauens in andere.

Dazu kommt das schrittweise Erkunden der belebten und unbelebten Umwelt. Auch Medical Training und vielfältige Kontakte zu Artgenossen gehören auf den Übungsplan.

Ich lege in meinem Unterricht besonderen Wert darauf, dass Hunde eine Leine keinesfalls als Gängelbändchen, Freiheitsberaubung, Folterinstrument oder als Symbol purer Langeweile kennen lernen, denn ich möchte, dass sie auch Ausflüge, Spaziergänge und Unternehmungen genießen können, bei denen man sie (noch) nicht frei herumlaufen lassen kann.

Immer berücksichtigt werden müssen dabei natürlich das individuelle Lerntempo, Konzentrations- und Ruhephasen (für latentes Lernen) und der psychische und physische Entwicklungsstand eines Tieres. Die Devise hier sollte lauten: Optimal fördern, aber keinesfalls überfordern!

Leider will es mir einfach nicht gelingen, in meiner Hundeschule gute Welpengruppen aufzubauen, da nur alle zwei Monate mal ein Neuhund-Besitzer überhaupt danach fragt und so die Kleinen vom Alter oder von der Größe/ Masse niemals gut miteinander harmonieren würden.

Und bevor ich eine schlechte Welpengruppe anbiete, mache ich lieber gar keine (!) und bleibe beim bewährten Einzelunterricht, in dem der Welpe dann eben nicht einmal die Woche eine volle Stunde mit Gleichaltrigen bis zum Umfallen toben kann (muss?). Dafür darf er hier an jedem zweiten Tag einen anderen, ihm freundlich gesonnenen Artgenossen für einige Minuten kontaktieren und anspielen und ansonsten lernt er eben seine Menschen als recht brauchbare Spiel- und Sozialpartner kennen und schätzen.

Hunde sind bekanntermaßen soziale Lebewesen. In welchem Umfang muss ich meinem Hund Kontakt zu Artgenossen bieten?
Eine Antwort, die ich auf viele Fragen während meiner Ausbildung bei Linda Tellington Jones immer wieder zu hören bekam, war: „It depends on the dog" = Es kommt auf den Hund an. Und das trifft es auch hier.

Es gibt Hunde (und übrigens auch Menschen), die es lieben, viel Zeit mit (vielen unterschiedlichen oder auch wechselnden) Artgenossen zu verbringen und andere, denen es genügt ein, zwei oder drei feste Freunde zu haben, mit denen sie gern zusammen sind – alles, was darüber hinaus geht, stresst sie schon.

Ich kenne aus meiner täglichen Praxis gleichermaßen solche und solche (Konstitutions-)Typen. Bei der Entwicklung dieser Präferenzen kommt es natürlich auch darauf an, welche Art Erfahrungen das Tier bisher mit Artgenossen gemacht hat...

Was verstehen Sie unter „Freiheiten" eines Haushundes (frei in der Wohnung bewegen, Freilauf etc.) und wie viele Freiheiten soll man Ihrer Meinung nach einem Hund zugestehen?
Soviel wie er braucht und man ihm bieten kann, ohne dadurch andere zu belästigen oder fahrlässig zu handeln. Grundsätzlich gilt wohl, je besser ein Hund erzogen wurde, desto mehr Freiheiten kann er genießen. Selbstverständlich darf man nicht zulassen, dass das Tier in seinem Freiheitsdrang sich selbst oder andere Menschen/ Tiere gefährdet. Heutzutage ist das Herumstreunenlassen von Hunden, wie ich es noch in meiner Jugend (lang lang ist's her...) als vollkommen selbstverständlich erlebt habe, nicht mehr zu verantworten – obwohl die meisten Hunde das sicherlich als Verlust von Lebensqualität bedauern.

Das andere Extrem, der volle Terminplan des total überbeschäftigten Hundes (Mo = Agility, Di = Flyball oder Dogdance, Mi = Fährtenarbeit, Do = Obedience, Fr = Mantrailing, Sa = Turnierteilnahmen und So = Hüteseminar...), ist dagegen auch nicht sinnvoll.

Ein goldener Mittelweg, der sich an den tatsächlichen Bedürfnissen des Hundes nach Beschäftigung und Ruhe orientiert sowie den Arbeits- und Zeitaufwand für den Halter noch überschaubar hält, ist wahrscheinlich auch hier wieder einmal das Optimum.

Ich lege in meinem Unterricht besonderen Wert darauf, dass Hunde eine Leine keinesfalls als Gängelbändchen, Freiheitsberaubung, Folterinstrument oder als Symbol purer Langeweile kennen lernen, denn ich möchte, dass sie auch Ausflüge, Spaziergänge und Unternehmungen genießen können, bei denen man sie (noch) nicht frei herumlaufen lassen kann.

Welche technischen Hilfsmittel (div. Halsbänder etc.) halten Sie in der Hundeerziehung für sinnvoll – und warum?

Ganz wichtig ist für mich eine Videokamera, um Verhaltens- oder Übungssequenzen im Nachhinein mit den Schülern besprechen zu können, Dinge ins Bewusstsein zu hieven, innerartliche Kommunikation von Hunden auch mal in Zeitlupe zu betrachten und damit eindrücklicher erklären zu können, Übungen zu reflektieren u.v.m. Außerdem ist jeder selbst sein größter Kritiker – und so werden auf Video festgehaltene und entdeckte „Fehler" besser verstanden und seltener wiederholt.

Einen Clicker, Zungenschnalzer oder Pfeifton konditioniere ich als Markersignal und Vorankündigung für eine Belohnung. Vorteile:

- Das Geräusch ist ein emotionsfreies und immer gleiches Signal.
- Ich kann als Trainer auch mit Hunden arbeiten, die mich (noch) nicht in ihre Nähe lassen oder die auf die leichteste Frustration (noch) mit Aggression reagieren.
- Man kann Hundehaltern die Lerntheorien (Imitation, Stimmungsübertragung, Klassische und Operante Konditionierung, Extinktion) näher bringen, ohne sie mit Fachchinesisch zu langweilen (Sieh und staune, wie gut und schnell Dein Hund lernen kann, wenn Du nur weißt, wie's funktioniert).
- Ein beim Hund gut etabliertes „Click" kann in Stresssituationen für ihn sogar als Sicherheitssignal fungieren.
- Die Hundehalter lernen, besser zu beobachten und ihren Fokus auf die positiven Verhaltensweisen ihres Hundes zu legen, statt wie bisher stets zu korrigieren, was der Hund alles falsch macht. Sie verbessern darüber hinaus ihr Timing (natürlich auch) für verbales Lob deutlich und vertiefen ihr Verständnis für die Zusammenhänge von Ursache und Wirkung.

Eine stabile Flug-Transportbox ist für viele Hunde ein idealer Ort, um sich auch mal von dem häuslichen Trubel zurückziehen zu können, sie ist der sicherste Aufenthaltsort während einer Autofahrt, ein Stück Zuhause am Ferienort oder auch mal beruhigender Zufluchtsort bei Gewitter, Feuerwerk o.Ä. Damit meine ich aber keinesfalls, dass der Hund darin eingesperrt werden soll!

Einen soliden Futterball oder Kong, mit Feuchtfutter und Keksen gestopft oder auch eingefroren für die sinnvolle und stressreduzierende Beschäftigung während notwendiger Wartezeiten, oder um dem Hund den Aufenthalt an bestimmten Orten (Kennel, Körbchen, Auto) „schmackhaft" zu machen.

Eine Futtertube für alle breiförmigen Belohnungshappen, z. B. Kartoffelbrei mit Quark, Hüttenkäse mit Apfelmus, Dosenfutter o.Ä., weil durch das Lecken vermehrt Endorphine freigesetzt werden und der Hund auch mal länger „bei der Stange" gehalten werden kann. Gut geeignet zur Handfütterung selbst für „Hardcore"-Barfer.

Elastische Bandagen, die dem Hund helfen, seinen eigenen Körper bewusster wahrzunehmen und die auf ganz simple Art seine bisher gewohnten Bewegungs- und Verhaltensmuster durchbrechen, um anschließend neue motorische Fähigkeiten auszuloten und die optimale physische und psychische Balance zu finden.

Ob weiches, breites, eng anliegendes Halsband oder gut sitzendes Brustgeschirr ist in erster Linie eine Frage des individuellen Wohlgefühls, aber auch der Sicherheit von Hund und Mensch. Ein Vibrationshalsband ist meiner Erfahrung nach ein super Hilfsmittel als Signalgeber für taube Hunde.

Funk-Türklingeln sind toll, um Hunden ein neues Verhalten beim Eintreffen von Besuchern erst einmal ohne Zeitdruck beibringen zu können, bevor man es dann fertig konditioniert durch Ersetzen des bisherigen Klingeltons nutzen kann.

Welche technischen Hilfsmittel lehnen Sie ab?
Generell natürlich alle, die dem Hund Schmerzen oder Leiden zufügen, ihn ängstigen oder hilflos machen, also beispielsweise Spruh- und Stromhalsbänder, Würge- und Stachelhalsungen, Beinleinen, Geh-bei-Fuß-Trainer, unsichtbare Zäune, aber auch so „harmlose“ Dinge wie Tennisbälle, weil sie in erheblichem Maße den Zahnschmelz angreifen. Darüber hinaus lehne ich alle Hilfsmittel ab, die dem Käufer suggerieren, dass sie bestehende Probleme mit dem Hund ganz easy lösen, ohne dass das eigene Verhalten hinterfragt oder verändert werden muss.

Welche ethischen und moralischen Aspekte sollten Menschen beim Umgang mit Hunden und in der Hundeerziehung berücksichtigen?
Was Du nicht willst, das man Dir tu, das füg' auch keinem anderen zu...

MARIA HENSE

Geboren 1968

Hundeschule:
Tierärztin mit eigener Praxis (ausschließlich Verhaltenstherapie), freie Trainertätigkeit für verschiedene Hundeschulen und Vereine, Schwerpunkt Grundgehorsam, artgerechte Beschäftigung (Nasenarbeit, Clickern, stressreduziertes Agility); Trainerin seit 1998.

Wittekindstr.1
D-59581 Warstein
E-Mail: info@tierarztpraxis-hense.de
www.maria-hense.de
www.tierarztpraxis-hense.de
Tel.: +49 (0)2902 77 224
Mobil: +49 (0)160 91 37 93 53

Wie sind Sie auf den Hund gekommen?
In meiner Familie wurden immer Hunde gehalten. Seit es mir möglich ist, halte ich eigene Hunde.

Wie viele Hunde haben Sie und was für welche? Und wie heißen sie?
Ich lebe mit zwei Hunden zusammen: Max ist ein 7-jähriger Labrador, Liesel ist eine 10-jährige Terriermischlingshündin.

Haben Sie noch weitere Haustiere? Falls ja, welche und wie viele?
In unserem Garten vor meinem Büro laufen fünf Hühner.

Mit wie vielen Hunden haben Sie bisher zusammen gelebt?
Wenn man die Hunde meiner Kindheit nicht mitrechnet, habe ich bisher mit sechs Hunden zusammen gelebt.

Warum sind Sie Hundetrainerin geworden?
Per Zufall: Ich habe mit einer Hündin einen Hundeplatz aufgesucht, auf dem die Trainerin gerade „das Handtuch warf“. Da sonst niemand qualifiziert war, habe ich mich angeboten.

Was finden Sie an diesem Beruf am schwierigsten/ anstrengendsten?
Durchhalten. Die zum Teil komplizierten Herausforderungen, die unbekannte Menschen und Hunde mitbringen, finde ich nicht belastend, sondern spannend. Manchmal braucht ein Hund Zeit, um „an Leib und Seele zu gesunden“. Die Halter (und mich) immer weiter zu motivieren, kann anstrengend sein.

Und was am schönsten?

Hunde sind eine völlig andere Tierart als wir Menschen. Egal wie viel wir wissen – sie bleiben uns doch weitgehend unbekannt. Mit so einem fremden Wesen zu interagieren, „mich zu unterhalten" und zu merken, dass die Kommunikation gelingt, dass das Wesen Freude an der „Unterhaltung" hat – das macht mich glücklich.

Ähnlich ist es mit Therapie oder Training: Wenn Menschen und Hunde miteinander trainieren und wenn das Training gelingt – dann ist dies wie ein gemeinsamer Tanz.

Welche Mindestvoraussetzungen sollten Ihrer Meinung nach erfüllt werden, wenn man als Trainer arbeiten möchte?

Gründliches Wissen über Ausdrucksverhalten, Emotionen und Stress beim Hund sowie über die Lerngesetze. Achtung und liebevolle Wertschätzung gegenüber dem Menschen und dem Hund. Praktische Erfahrungen im Training von verschiedenen Hunden. Die Bereitschaft sich lebenslang fortzubilden.

Wie lautet Ihre Trainingsphilosophie?

Jeder Mensch, jeder Hund ist anders – und wird als Persönlichkeit wertgeschätzt.

Wie haben sich Ihr Leben und Ihr persönliches Umfeld verändert, seit Sie mit Hunden arbeiten?

Habe ich jemals etwas anderes gemacht? (Vorsicht, das ist scherzhaft gemeint.) Meine Hunde lehren mich, tolerant gegenüber Andersartigem zu sein, nervenstark zu werden – und vermitteln vor allem jede Menge Lebensfreude! Das Leben als Trainerin und Verhaltenstherapeutin bringt laufend Herausforderungen und Veränderungen. Immer wieder wird man gefordert – durch Hunde, ihre Menschen, neue Ideen, neue berufliche Herausforderungen. Ich habe noch nie in einem Jahr beruflich dasselbe gemacht wie im Jahr zuvor.

Was ist Ihnen in der Mensch-Hund-Beziehung am wichtigsten?

Achtung voreinander. Die Akzeptanz, dass beide Partner Bedürfnisse haben. Natürlich helfen wir Menschen den Hunden, in unserer Welt zurechtzukommen (z. B. durch Erziehung). Dies darf aber nicht auf Kosten des Hundes gehen. Hunde dürfen nicht unbegrenzt an unser Leben angepasst werden. Andererseits müssen auch die Bedürfnisse des Menschen erfüllt werden: wir sollten uns nicht über das Maß hinaus um unseren Hund bemühen – und dabei selber zurückstehen.

Wenn Sie ein Hund wären, was für einer wären Sie?

Was ich am liebsten wäre? Oder für welche Rasse ich mich halte? Vielleicht sehe ich einem Labrador ähnlich – habe aber die Seele eines Terriers.

Ihr Lebensmotto:

Leben und leben lassen.
Oder wie ein Terrier sagen würde: Lass meinen Knochen in Ruhe – dann lass ich Dir Deinen (zumindest so lange, bis ich meinen aufgefressen habe) ;-)

INTERVIEW:

Was verstehen Sie unter einem Rudel?

Eine Familie von Wölfen. Dieser Begriff sollte auf wild lebende Kaniden, eventuell sogar auf Wölfe beschränkt bleiben.

Glauben Sie, dass die Verhaltensmuster, die Hunde untereinander in einem Hunderudel zeigen, auf die Mensch-Hund-Beziehung übertragbar sind?

Über die Beziehung mit Hunden möchte ich Folgendes sagen: Hunde suchen nach engen Bindungen. Das Zusammenleben mit verlässlichen Sozialpartnern vermittelt ihnen Sicherheit und ein Wohlgefühl. Sie wollen in Sicherheit leben, was bedeutet, dass sie am ausgeglichensten und problemlosesten mit Sozialpartnern zusammenleben, von denen sie weder überfordert, bedrängt noch bedroht werden. Darüber hinaus streben sie nach ihrem eigenen Vorteil. Sie wollen zum Beispiel einen möglichst bequemen Ruheplatz, etwas Gutes zu essen oder Zuneigung bekommen. Diese Vorteile können sie durchaus zum Nachteil ihres Sozialpartners anstreben, für den dann kein Platz mehr auf dem Sofa oder keine Wurst mehr über ist. Diese grundlegenden Dinge sind gleich, egal ob Hund-Hund oder Hund-Mensch-Beziehungen betrachtet werden.

Im Detail kann es aber Unterschiede geben:

- **Wahrnehmung des Gegenübers:**
  Hunde wissen, dass wir keine Hunde sind. Sie nehmen uns nicht als zweibeinige Hunde wahr. Die Fachliteratur gibt Hinweise darauf, dass Hunde sich Menschen gegenüber in spezieller Weise anders verhalten als gegenüber Hunden! Es wird vermutet, dass dies genetische Grundlagen hat. Das würde bedeuten, dass wir Menschen für Hunde eine andere Bedeutung haben als ihre Mit-Hunde – und dies sei angeboren. Hunde machen vom ersten Tag des Zusammenlebens mit Menschen die Erfahrung, dass wir anders aussehen und uns anders verhalten als Hunde. Wir stehen aufrecht (was das Lecken im Gesicht mühsam macht), wir benutzen unsere Hände und wir äußern gerne und viele Laute. Es besteht daher nicht die Gefahr, dass sie uns mit einem Hund verwechseln!

- **Kommunikation:**
  Viele Signale, die Hunden zur Verfügung stehen, sind angeboren. (Mit Signalen gemeint sind „Worte“, die Hunde in der Kommunikation benutzen, wie z. B. Wedeln, Zähnezeigen oder Bellen.) Lernen beeinflusst die Häufigkeit und Art der Verwendung zwar, trotzdem zeigt der Hund im Wesentlichen seine angeborenen Verhaltensweisen.

Die Signale, die er gegenüber Hunden zeigt, sind ganz ähnlich denen, die er gegenüber Menschen zeigt (z. B. Knurren als Aufforderung den Abstand zu vergrößern oder Verbeugen als Spielaufforderung). Andererseits: Jeder Hund passt seine Kommunikation dem Gegenüber an. Erfolgreiche Verhaltensweisen werden häufiger (ein Grund für Probleme mit übermäßigem Bellen), und wenn eine Verhaltensweise nicht zum Ziel führt, verschwindet sie mit der Zeit.

Weil wir anders aussehen und uns anders benehmen als Hunde, verhalten unsere Vierbeiner sich uns gegenüber also auch anders als gegenüber ihren Artgenossen (z. B. indem sie Hochspringen, um unser Gesicht zu lecken). Auch reagieren wir anders als der durchschnittliche Vierbeiner, z. B. auf Bellen, Lecken oder Anspringen. Hunde lernen außerdem, dass bestimmte Verhaltensweisen zielführend sind: Buddeln im Blumentopf zum Beispiel ruft Zuwendung durch den Menschen hervor. Asta, Rex und Sheila könnten also beginnen, dieses Buddeln als Aufforderung zum Kontakt einzusetzen. Solche Verhaltensweisen, die erst durch Lernen eine ganz bestimmte Bedeutung bekommen, schleichen sich fast immer in die Kommunikation zwischen Mensch und Hund ein. Auch das verändert die Kommunikation – und bewirkt, dass Hunde zu uns Menschen ganz anders sprechen als zu „Mithunden".

- **Beziehungen:**
  Die Art, wie Beziehungen gestaltet werden, ergibt sich aus der Kommunikation. Sie beruht vor allem auf den Erfahrungen, die Hund und Mensch oder Hund und Hund miteinander machen. Wie ich beschrieben habe, sind diese Erfahrungen beim Zusammensein mit Menschen grundsätzlich anders als unter Hunden. Darüber hinaus beobachte ich in meiner Klientel, dass die Bindungen zum Menschen auch bei Mehrhundehaltung oft enger sind als zu anderen Hunden. Manche Hunde scheinen Menschen als Sozialpartner sogar zu bevorzugen. Ich glaube jedoch, dass es bei dem Bedürfnis nach einer engen Bindung zum Menschen rassespezifische Unterschiede gibt, die sich aus der Zuchtgeschichte (z. B. Leben als „Schoßhund" oder als relativ unabhängig jagender Meutehund) ergeben.

Welche Bedeutung hat für Sie die Rangordnung innerhalb einer Hundegruppe?

Eine „Rangordnung" ist ein Modell, welches sich Menschen ausgedacht haben, um Regelmäßigkeiten zwischen Hunden zu beschreiben. Dabei liegt das Hauptaugenmerk auf Konflikten (um Ressourcen wie Futter oder Liegefläche, um den Beginn von Aktivitäten oder um das Einhalten eines Abstandes).

Durch Beobachten einer Hundegruppe kann in manchen Fällen eine „Rangordnung" aufgestellt werden. Aber ist das sinnvoll? Meine Kritik an dieser Betrachtungsweise:

Oft ist das Beobachten einer Rangordnung nicht ganz einfach, da in verschiedenen Situationen verschiedene Hunde „Vorrang" haben. Sie haben dann untereinander Regeln gefunden, wobei z. B. an Durchgängen Hund X immer zuerst geht, herumliegendes Futter Hund Y überlassen wird, und alle reagieren auf die Spielaufforderung von Hund Z.

In anderen Hundegruppen kann der Beobachter sehr schnell einen „Ranghohen" erkennen, weil dieser alles für sich beansprucht und die anderen Gruppenmitglieder bedrängt. Die anderen Hunde können dem „Ranghohen" gegenüber Ausweichen und unsicheres („unterwürfiges") Verhalten zeigen. Ein solches Zusammenleben hat Nachteile für alle: die „Rangniedrigen" leben mit einem chronisch erhöhten Stress Level, und es entstehen immer wieder Konflikte, ausgehend vom „Ranghohen". Ich stimme Patricia McConnell zu, wenn sie schreibt, dass ein solcher „Ranghoher" viel zu wenig Frustrationstoleranz und Selbstkontrolle hat.

Wenn ich ein friedliches und entspanntes Zusammenleben von Hunden erreichen möchte, dann fördere ich nicht als erstes eine bestimmte Rangordnung. Ich empfehle viel mehr, darauf zu achten, dass alle Hunde Frustration auszuhalten lernen (Fachbegriff Frustrationstoleranz), eine gute soziale Selbstbeherrschung (soziale Impulskontrolle) entwickeln und ruhiges Verhalten gefördert wird.

Es ist außerdem ein Fehler, beim Zusammenleben von Hunden schwerpunktmäßig auf Konflikte zu schauen! Beziehungen unter Hunden sind so viel mehr! Sie zeigen Bindungen, vielfältige Kommunikation, gemeinsame Aktivitäten, Freude miteinander. Wir Besitzer sollten dies genießen und fördern!

Gibt es in Hundegruppen Alphatiere?

Manche harmonische (also friedlich und entspannt zusammenlebende) Hundegruppen haben ein Mitglied, welches ganz offensichtlich Aktivitäten bestimmt. Dies könnte als „Alphatier“ bezeichnet werden. In aller Regel sind die Beziehungen in Hundegruppen aber viel komplexer. Hundebesitzer wünschen sich manchmal, ein Gruppenmitglied als „Alphatier“ bezeichnen zu können und machen diese Bezeichnung dann an einem oder wenigen Kriterien fest. In der Regel schadet dieses „Gedankenspiel“ nicht. (Ausnahme: Die Besitzer fördern ein „Alphatier“, welches auf die oben beschriebene Weise einen Mangel an Frustrationstoleranz und sozialer Impulskontrolle aufweist. Diesen Hund zu fördern kann allen Gruppenmitgliedern erheblich schaden.) Jedoch finde ich die Verwendung dieses Begriffes in den allermeisten Fällen nicht hilfreich.

Wie definieren Sie „Dominanz“?

Ich benutze diesen Begriff nicht. In der Verhaltenstherapie und im Hundetraining ist er überflüssig oder sogar schädlich.

Haben alle Hunde das Bedürfnis andere Mitglieder ihrer sozialen Gruppe zu dominieren?

Hunde möchten möglichst viel Angenehmes für sich gewinnen und möglichst viel Schaden vermeiden. Damit können sie mit anderen Gruppenmitgliedern in Konflikt geraten. Dies als „Streben nach Dominanz“ zu bezeichnen halte ich für überflüssig. In manchen Fällen ist diese Vorstellung sogar schädlich: nämlich dann, wenn sie als Rechtfertigung dazu dient, den Hund zu bedrohen, zu bedrängen oder von ihm zu erwarten, dass er sich übermäßig dem Menschen anpasst (um eben sein „Streben nach Dominanz“ zu beschränken). Genauso falsch wäre es, ein vermeintliches „Alphatier“ in seinem Streben nach möglichst viel Angenehmem unbegrenzt zu unterstützen.

Die meisten Menschen sind nicht in der Lage, die Kommunikationsmittel der Hunde (körper- oder lautsprachlich) zu verstehen. Das Erkennen welcher Kommunikationsmittel der Hunde halten Sie für besonders wichtig?

Am wichtigsten ist es, Anzeichen für Überforderung, Konflikt, Verunsicherung und Angst beim Hund zu erkennen. Werden diese Signale nicht oder zu spät erkannt, kann es zu erheblichen Problemen (z. B. Beißvorfällen, Entwicklung von dauerhaften Aggressionsproblemen oder anhaltenden Ängsten) kommen. Dass solche Anzeichen nicht erkannt oder falsch gedeutet werden, verschafft uns Verhaltenstherapeuten Arbeit (nämlich Hunde mit Verhaltensproblemen)!

Es ist außerdem nützlich, Verhaltensweisen der freundlichen Annäherung zu erkennen und nicht als Bedrohen oder „Dominieren“ zu missdeuten.

Halten Sie es für sinnvoll, Kommunikationsmittel des Hundes (z. B. das Knurren) zu unterbinden?

Das kommt darauf an:

- Geringgradige Drohungen sind erwünscht, da sie Emotion und Motivation des Hundes anzeigen. Würde ich z. B. Knurren bestrafen – dann wird der Hund nicht gelassener (im Gegenteil), vielleicht knurrt er jedoch nicht wieder. Als Folge hätte ich einen Hund, der noch ängstlicher oder noch wütender ist – aber diese Emotion und eventuell seine Absicht anzugreifen nicht mehr anzeigt. Das ist gefährlich.
- Droht ein Hund intensiver oder beginnt er vorzustürmen und/ oder zu beißen, muss er sofort gesichert und sein Verhalten, wenn möglich, unterbrochen werden.
- Es gibt Kommunikationsmittel, die lästig sind (z. B. Hochspringen oder herzliches Sabbern aufs Hosenbein). Wir sollten unsere Hunde lehren, statt diesen andere Verhaltensweisen zu zeigen.

Am wichtigsten ist es, Anzeichen für Überforderung, Konflikt, Verunsicherung und Angst beim Hund zu erkennen. Werden diese Signale nicht oder zu spät erkannt, kann es zu erheblichen Problemen kommen.

Wenn ich vorschlage, unerwünschte Kommunikationsmittel zu verhindern oder zu unterbrechen, dann stellt sich die Frage, wie das getan werden kann. Je nach Verhalten, betroffenem Hund und Situation gibt es Unmengen an guten Möglichkeiten! Ein paar Beispiele verdeutlichen dies: Viele Hunde reagieren gut auf Ansprache, es kann ihnen also gesagt werden, was sie stattdessen tun sollen. Andere Hunde führt man einfach weg oder versperrt ihnen die Sicht.

Welche Punkte erachten Sie in der Hundeausbildung/ Hundeerziehung als besonders wichtig?

- Den Hund als Lebewesen mit eigenen Bedürfnissen zu betrachten. Wir dürfen nicht erwarten, dass er sich uneingeschränkt unseren Vorstellungen fügt. Hunde sind Tiere, keine Accessoires, Sportgeräte oder Ergänzungen zu Haus und Garten. Hunde sind soziale und territoriale Beutegreifer – mit allen dazugehörigen Bedürfnissen und Verhaltensweisen. Dies können wir nur bis zu einem bestimmten Punkt verändern.
- Eine positive Beziehung zum Hund aufzubauen. „Positiv" bedeutet für mich: Vertrauen zwischen Hund und Mensch und ein hohes Maß an Verständnis untereinander.

  Eine solche Beziehung entsteht, wenn der Mensch die Sprache seines Hundes und dessen Bedürfnisse kennen lernt, und indem er seinen Hund in einer sehr klaren und durchdachten Weise lenkt und trainiert. Auf der anderen Seite muss der Hund lernen, sich selbst zu bremsen: im Zusammensein mit dem Menschen (z. B. beim Spiel) und in anderen Situationen, in denen seine Bedürfnisse mit denen des Menschen kollidieren (z. B. beim Jagdverhalten oder beim Vertreibenwollen von Besuchern). Außerdem darf der Vierbeiner erlernen, dass es ein Genuss ist, mit dem Menschen zu kooperieren.
- Besonders wichtig ist mir außerdem, auf ein hohes fachliches Niveau bei Ausbildung und Erziehung zu achten. „Positiv" bedeutet nicht, dass Hunde nicht erzogen oder nicht trainiert werden. Es bedeutet stattdessen, ihr Verhalten auf besonders intelligente Weise zu formen.

Werden diese drei Punkte beachtet, dann reicht erstaunlich wenig Erziehung und Training aus, um einen Hund zu einem zufriedenen und für den Menschen angenehmen Begleiter zu machen. Dabei wird das Zusammensein und Zusammen-aktiv-Sein Hund und Mensch dann so viel Freude machen, dass sie weiter miteinander lernen wollen – zum Beispiel im Training...

Haben Sie eine spezielle Methode, nach der Sie Hunde ausbilden bzw. wie Sie das Hundeverhalten beeinflussen?

Nein. Ich habe viele Jahre gelernt und lerne immer noch. Ich genieße es, mich auf Seminaren im In- und Ausland fortzubilden und mit anderen Fachleuten „fachzusimpeln". Daher sind in meiner Tätigkeit die Einflüsse vieler Fachleute und Methoden erkennbar, in den letzten Jahren z. B. Patricia McConnell, Turid Rugaas, Jean Donaldson, Sheila Harper.

Kennzeichnend sind vielleicht folgende Dinge: Ich arbeite mit Futterbelohnung und bringe dem Hund, den ich unterrichte, eine freundliche Grundhaltung und hohe Wertschätzung entgegen. Eine sehr angenehme Trainingsstimmung halte ich für außerordentlich nützlich. Positive Strafen (gemeint ist das Zufügen von Schmerzen oder anderen unangenehmen Erfahrungen) vermeide ich weitgehend, da sie in der Regel nicht zielführend und nicht notwendig sind. Ich trainiere gelegentlich mit dem Clicker und bevorzuge es, dass Hunde an Brustgeschirren geführt werden.

Ist die positive Verstärkung eine nachhaltig wirkende Möglichkeit, Hunde zu erziehen bzw. auszubilden?

Definitiv. Nachdem ich die verschiedensten Methoden und Techniken verwendet habe, ist sie ganz klar die beste. Sie muss allerdings fachlich korrekt angewendet werden.

Ist die negative Verstärkung eine nachhaltig wirkende Möglichkeit, Hunde zu erziehen bzw. auszubilden?

Sicher wirken Strafen nachhaltig. Sie können das Verhalten von Hunden dauerhaft verändern. Leider nicht immer so, wie wir Menschen uns das wünschen. Strafen haben ganz erhebliche „Risiken und Nebenwirkungen"! Negative Strafen (der Entzug von etwas, das der Hund gern hat) haben in Erziehung und Training einen wichtigen Platz. Positive Strafen weniger. Ihre nachhaltige Wirkung ist nicht immer erwünscht (z. B. Meideverhalten oder andere Folgen von Angst, andere Verhaltensauffälligkeiten, die durch einen erhöhten Stress-Level entstehen).

Welche Abbruchsignale halten Sie für sinnvoll?

Zum Unterbrechen von unerwünschten Verhaltensweisen verwende ich ein Aufmerksamkeitssignal, außerdem ein Signal („hm-hm" oder „Lass das"), welches der Hund als Aufforderung zum Abwenden erlernt hat. Je nach Situation können „No-Reward-Marker" (Signale für „das, was Du tust, lohnt sich nicht") für den Hund sehr verständlich sein.

Immer wieder ist der Begriff „Konsequenz" in der Hundeausbildung zu hören. Was bedeutet dieser Begriff für Sie?

Gelassene, freundliche Sturheit. Ich meine damit, dass ich – natürlich immer unter Berücksichtigung der Fähigkeiten des Hundes – auf der Einhaltung von Regeln bestehe, die ich gegenüber dem Hund aufgestellt habe. Zu solchen Regeln kann z. B. gehören, das Auto nur auf Signal zu verlassen, oder dass der Mensch stur jedes Mal stehen bleibt, wenn der Hund an der Leine zieht.

Das Bestehen auf solchen Regeln bedeutet nicht, dass ich laut oder auf andere Weise für den Hund sehr unangenehm werde. Es gibt viele sanfte und cleverere Tricks.

Ich betone besonders „unter Berücksichtigung der Fähigkeiten des Hundes", da körperliche Erkrankungen, Ängste oder soziale Bedürfnisse berücksichtigt werden müssen. Hunde mit Analdrüsenentzündung setzen sich zum Beispiel nicht gern, weil dies ihnen weh tut. Oder: Weicht ein Hund einem anderen aus, kann es sein, dass er kurzzeitig an der Leine zieht. Würde ich dann stur darauf bestehen, dass er aufhört zu ziehen, könnte im Extremfall eine Beißerei resultieren.

Übrigens muss der Mensch auch sich selbst gegenüber konsequent sein: wir Menschen müssen lernen, immer in verständlicher Weise mit unserem Hund zu sprechen. Dazu müssen wir unsere Haltung, Bewegungen und unsere Stimme kontrollieren. Außerdem: Hunde brauchen zum Lernen Wiederholungen, was mühsam sein kann – aber auch hier müssen wir Menschen uns um Konsequenz bemühen: nämlich immer wieder unter optimalen Bedingungen zu üben.

Wie und ab wann kann und sollte man mit der Ausbildung/ Erziehung bei Welpen beginnen?

Das Beeinflussen des Welpenverhaltens beginnt mit dem ersten Menschenkontakt! Erwünschtes Verhalten (z. B. Ruhe und Wohlbefinden in der Nähe des Menschen) kann sofort gefördert werden. In vielen Fällen muss der Welpe sehr bald nach dem Umzug zu seinen neuen Haltern lernen, die Leine zu ertragen und ordentlich an ihr zu gehen. In ähnlicher Weise ergeben sich aus dem Zusammenleben mit dem Menschen weitere Dinge, die er nach und nach lernen muss (z. B. den Rückruf). Vor jedem trainierten Befehl steht beim Welpen jedoch die Gewöhnung an die menschliche Umwelt (inklusive ihrer Lebewesen), die Orientierung zum Menschen und das Lernen von Gelassenheit und Ruhe.

Hunde sind bekanntermaßen soziale Lebewesen. In welchem Umfang muss ich meinem Hund Kontakt zu Artgenossen bieten?
Hunde sollten – wenn möglich – täglich Kontakt zu anderen Hunden haben. Für viele (nicht alle) Hunde ist das Zusammenleben mit einem oder zwei anderen Hunden ideal. Damit sie sich auch völlig fremden Hunden gegenüber gelassen verhalten, sollten sie mindestens einmal pro Woche, besser noch häufiger, fremde Hunde sehen.

Was verstehen Sie unter „Freiheiten" eines Haushundes (frei in der Wohnung bewegen, Freilauf etc.) und wie viele Freiheiten soll man Ihrer Meinung nach einem Hund zugestehen?
In einer idealen Welt mit perfekten Menschen und perfekten Hunden laufen Hunde immer frei und dürfen überallhin.

In unserer Welt profitieren alle Hunde davon, wenn sie Begrenzungen (Leine, geschlossene Türen, Warten auf Futter, Übungen wie „sitz" oder „bei Fuß") kennen lernen! Dies ist sehr wichtig und unter „positiven Hundetrainern" vielleicht eine Zeit lang vernachlässigt worden. Denn diese Grenzen helfen den Hunden die notwendige Frustrationstoleranz und Impulskontrolle zu erwerben!

Darüber hinaus hängen die Freiheiten, die wir ihnen gewähren, von unseren Lebensbedingungen und dem Verhalten unserer Vierbeiner ab:

- Jagende Hunde laufen zum Beispiel häufiger und länger an der Leine als andere und territorial veranlagten Hunden kann in vielen Fällen nicht erlaubt werden, auf der Sofalehne zu liegen und aus dem Fenster zu schauen – um dort Passanten zu verbellen.
- Menschen können sich entscheiden, dass der Hund das Sofa, das Badezimmer, die Küche oder ein Kinderzimmer nicht betreten darf. Damit wird die Freiheit des Hundes eingeschränkt.

Solche Einschränkungen mögen aus Sicht des Menschen bedauerlich sein, werden von den Hunden aber gut akzeptiert – wenn der Mensch die Einschränkungen auf die richtige Weise einführt!

Welche technischen Hilfsmittel (div. Halsbänder etc.) halten Sie in der Hundeerziehung für sinnvoll – und warum?
Auch wenn ich sehr gerne nach Hunde-Accessoire „shoppe", bemühe ich mich darum, die Menge der Ausrüstungsgegenstände in Erziehung, Beschäftigung und Therapie klein zu halten. So ist das Training näher am Alltag der Menschen, die selten bereit sind, eine Anzahl von Gegenständen zum Beispiel auf dem Spaziergang mitzunehmen.

Ich bevorzuge Brustgeschirre und lange Leinen (mehr als zwei Meter). Hunde laufen an Geschirren meist ruhiger und ihre Körpersprache in Begegnungen ist ausgeglichener. Es ist für den Menschen bequemer und einfacher, den Hund in Notfällen schnell festzuhalten – das Geschirr ist einfach zugänglicher als ein Halsband. Ganz klar ist außerdem: gute Brustgeschirre sind orthopädisch gesünder als Halsbänder.

Ich liebe es, im Training den Clicker einzusetzen. Es ist erstaunlich, wie schnell Hunde mit diesem Hilfsmittel lernen – und auch die dazugehörigen Menschen! Denn der Clicker zwingt den Menschen zum genauen Hinschauen und zum präzisen Arbeiten. Mein derzeitiger Tätigkeitsschwerpunkt liegt auf der Verhaltenstherapie. Dabei setze ich den Clicker seltener ein, da der Halter oft beide Hände braucht, um den Hund zu sichern oder zu lenken.

In den letzten Jahren haben viele meiner Klientenhunde gelernt, sich auf einer besonderen Decke zu entspannen. Diese Decke wird für solche langen, entspannten Ablageübungen reserviert. Schon ihr Anblick löst bei Hunden und Menschen Wohlgefühl aus: der Mensch breitet die Decke aus und freut sich auf ein paar ruhige Minuten, und der Vierbeiner erkennt „seine" Decke, strebt zu ihr und legt sich hin, sobald sie ausgebreitet ist.

Meine Klienten werden dazu angehalten, einen bequemen Futterbeutel mit sich zu tragen. So wird das Training angenehmer und einfacher.

Weitere Hilfsmittel wie Schleppleine, Futtertube, Apportierbeutel, Spielzeug oder Hundebox werden nach Bedarf verwendet. Alle Hilfsmittel sind nur dann sinnvoll, wenn sie fachgerecht angewendet werden.

Welche technischen Hilfsmittel lehnen Sie ab?

Hilfsmittel, die einen Hund erschrecken (z. B. Anti-Bell-Halsbänder) oder ihm Schmerzen zufügen (z. B. Stachelhalsbänder, Würgeketten, sog. Erziehungsgeschirre oder Halsbänder, die elektrische Reize aussenden), lehne ich ab. Manche der neueren Hilfsmittel schränken die Freiheit der Hunde stark ein (z. B. ein „Legleader") und haben erhebliche Nebenwirkungen.

Welche ethischen und moralischen Aspekte sollten Menschen beim Umgang mit Hunden und in der Hundeerziehung berücksichtigen?

Der Hund ist ein Tier. Nur bei Berücksichtigung seiner arteigenen Bedürfnisse kann er gesund und glücklich leben. „Niemand darf einem Tier ohne vernünftigen Grund Schmerzen, Leiden oder Schäden zufügen." (Paragraph 1 des deutschen Tierschutzgesetzes). Wir haben daher bei der Auswahl unserer Erziehungs- und Trainingsmethoden keine freie Wahl, sondern müssen nach schonenden Techniken suchen. Die Aussage „Geht leider nicht anders" (bezogen auf die Anwendung harter Methoden) bedeutet in der Erziehung und im Training von Hunden meist: „Ich weiß es nicht anders". Permanente Fortbildung ist daher für jeden Trainer und Verhaltenstherapeut absolute Pflicht. Dann wird „Geht leider nicht anders" immer häufiger zu gut durchdachten und effektiven „sanften" Maßnahmen.

Übrigens: Sportliche Ziele sind niemals ein „vernünftiger Grund", um Hunden durch Zwang oder Zurechtweisungen unangenehme Erfahrungen (= „Leid" im Sinne des Tierschutzgesetzes) zuzufügen!

Bestimmte menschliche Wünsche (z. B. noch einen weiteren Hund zu besitzen, den Hund „überall" mitzunehmen oder mit einem ungeeigneten Hund unbedingt doch eine bestimmte Sportart zu betreiben) müssen mit dem Wohlbefinden des Hundes in Einklang gebracht werden. Nicht alles, was theoretisch möglich ist, sollte erlaubt sein!

CLARISSA VON REINHARDT

Geboren 1965

Hundeschule:
animal learn
Am Anger 36
D-83233 Bernau
E-Mail: animal.learn@t-online.de
www.animal-learn.de
Tel.: 08051 961 710
Fax: 08051 961 71 17

Arbeitet als Trainerin seit:
1991, hauptberuflich seit 1994

Angebote der Hundeschule:

- Beratung vor der Anschaffung eines Hundes
- Welpenfrühförderung
- Grundgehorsam im Einzel- und Gruppentraining
- Gruppentraining
- Gerätearbeit
- Verhaltensanalyse und -korrektur
- Futterberatung
- Nasenarbeit
- Seminare und Vorträge
- Hundewanderungen und andere Freizeitaktivitäten für Hund & Halter
- Beratung von Tierheimen
- Arbeit mit Hunden aus dem Tierschutz
- Trainerausbildung
- Kynologischer Fachverlag

Wie sind Sie auf den Hund gekommen?

Schon meine Eltern und Großeltern hielten Hunde, mit denen wir Kinder aufgewachsen sind. Uns wurde beigebracht, dass Tiere fühlende und denkende Lebewesen sind, die respekt- und liebevoll behandelt werden sollen. Außerdem sollten wir lernen, Verantwortung für sie zu übernehmen. Ich habe während meiner Kindheit mehr Zeit mit den Hunden als mit Klassenkameraden verbracht, weil ich schon damals fand, dass sie in ihren Reaktionen ehrlicher und berechenbarer sind als mancher Mensch.

Wie viele Hunde haben Sie und was für welche? Und wie heißen sie?

Wir (mein Mann und ich) leben mit acht Hunden zusammen:

Bonnie, geb. 2000, eine Maremma-Hündin aus dem Tierschutz, die im Alter von sechs Jahren zu uns kam.

Jule, geb. 2000, eine Mischung aus Dalmatiner und Whippet, die im Alter von sieben Monaten bei uns einzog, weil sie bei ihrem früheren Herrchen nicht bleiben konnte.

Shorty, geb. 1997, eine Mischung aus Chihuahua und Shiba Inu, der aus einer italienischen Tötungsstation gerettet und in ein deutsches Tierheim gebracht wurde, in dem ich ihn kennen lernte, als ich dort eine Schulung durchführte.

Rosina, geb. 2006, eine Colliehündin, die im Alter von fünf Monaten von einem Vermehrer freigekauft und dann im Alter von sieben Monaten über den Verein Collie in Not e.V. zu uns kam.

Winnetou, geb. 2009, ein Hovawart aus Arbeitslinie, der in seinem früheren Zuhause nicht bleiben konnte und deshalb von mir adoptiert wurde.

Gandhi, geb. 2006, ein Hovawart-Do-Khyi-Mischling, den ich aus einer spanischen Perrera mitnahm, nachdem er mich dort auf sich aufmerksam gemacht hatte.

Elsa, geb. im Januar 2011, eine zauberhafte Terriermischlingshündin, die aus einer rumänischen Tötungsstation stammt.

Yukon, geb. im August 2011, ein Collie-Schäfer(?)-Mischling, der von einem jungen, in Vollzeit arbeitenden Paar unüberlegt angeschafft wurde und über einen Notruf bei uns im TierHeim landete.

Haben Sie noch weitere Haustiere? Falls ja, welche und wie viele?

Ja, noch vier Katzen: Preciosa, Rabea, Linus und Gawani. Außerdem kümmere ich mich um sechs Pferde aus dem Tierschutz, die ich täglich betreue: Lifrase, Gowinda, Lanzelot, Wallace, Isabella und Sternchen.

Mit wie vielen Hunden haben Sie bisher zusammen gelebt?

Da ich überzeugte Mehrhundehalterin bin und auch immer wieder alte Hunde aus dem Tierschutz aufnehme, die nur kurze Zeit bei uns leben (meist ein bis vier Jahre), waren es schon viele, nämlich genau 23. Ich möchte keine dieser Persönlichkeiten missen und bin dankbar für alles, was sie mir beigebracht haben.

Warum sind Sie Hundetrainerin geworden?

Ich wollte schon als kleines Mädchen „irgendwas mit Hunden“ arbeiten, aber die Erwachsenen um mich herum lachten nur, wenn ich so etwas sagte. Mit Anfang 20, ich hatte inzwischen einen „anständigen“ Beruf erlernt, holte ich einen Hund aus dem Tierheim, mit dem mich eine ganz besondere Zuneigung verband. Er hatte ein sehr bewegtes Leben hinter sich, unter anderem mit vielen Vorbesitzern und war aufgrund von Erziehungsfehlern relativ bissig gegenüber Menschen. Damals wusste ich nicht viel über Hunde und war mit seinem Verhalten völlig überfordert. Mir gegenüber war er super lieb, aber näherte sich mir jemand, verteidigte er sofort und griff an. Es kam mehrfach zu leichten bis mittelschweren Verletzungen. Ich suchte nach Hilfe bei seiner Ausbildung, traf aber damals ausschließlich auf Leute, die ihn mit Stachelhalsband, Teletak und Brachialgewalt zur Raison bringen wollten – was ich natürlich nicht zuließ. Mein damaliger Mann stellte mich vor die Entscheidung, er oder der Hund, also zog ich aus und überließ ihm die Wohnung. Da ich nur wenig Geld hatte und mit einem großen, schwarzen, schwierigen Hund auch nicht gleich eine neue fand, zog ich mit diesem Hund in eine Waldhütte, die einem Freund gehörte. Nach einigen Monaten fand ich dann auch wieder eine Wohnung, zog mit ihm um und beim ersten Weihnachtsfest im neuen Zuhause biss er den Freund meiner Mutter, mit dem er schon mehrere Tage zusammen war und sich vermeintlich gut verstand, ins Gesicht. Ich war mit meinen Kräften und Nerven am Ende, auf Anraten meines damaligen Tierarztes und aus meiner Überforderung heraus wurde dieser Hund eingeschläfert. Es war der schlimmste Tag meines Lebens, er starb in meinen Armen und ich schwor mir und ihm, dass sein Tod nicht umsonst gewesen sein sollte. Zum damaligen Zeitpunkt hatte ich keine Ahnung, was das bedeuten würde, aber es führte schließlich dazu, dass ich mich so intensiv mit Hunden beschäftigte, so viel über sie lernte, ständig an meine Grenzen – und darüber hinaus – ging, bis ich mir sicher war, sie jetzt wirklich zu verstehen. Also fing ich an, mit ihnen zu arbeiten und wurde schließlich Trainerin. Aus heutiger Sicht, mit meinem heutigen Wissen, wäre dieser Hund leicht zu handeln. Ich habe inzwischen Hunde gehabt, die viel schwieriger auszubilden und zu halten waren als er. Er sagt, es hätte so sein müssen und er sei bereit gewesen, dieses Opfer zu bringen, damit ich auf den richtigen Weg komme und so habe ich meinen Frieden mit der damaligen Situation und Entscheidung getroffen. Er hieß Linus – und ist immer bei mir. Wenn ich mit schwierigen Hunden arbeite, lächelt er mich an.

Was finden Sie an diesem Beruf am schwierigsten/ anstrengendsten?

Am schwierigsten finde ich es, immer wieder Verständnis und Geduld für die Menschen aufzubringen, die selbst einfachste und grundlegendste Dinge im Umgang mit ihrem Hund falsch machen – und dem Hund damit das Leben zur Hölle. Oftmals finden sie alle möglichen Ausreden, um ja nur nicht an sich arbeiten und etwas verändern zu müssen. Der Hund soll sich ändern, der soll lieb sein, alles mitmachen, alles ertragen, sei es noch so absurd. Kettenwürger, Leinenruck, viel zu kurze Leine, kaum Kontakt zu Artgenossen, völliges Chaos in der Kommandogebung und im Zusammenleben, unklare Regeln, Kinder, die ihn bis zum Wahnsinn drangsalieren, stundenlanges Alleinbleiben, Rauchen im Auto mit lauter Musik bis zum Anschlag – und eine erwachsene Frau, die mir erzählt, so sei das Leben bei ihnen nun mal und der Hund müsse lernen, endlich brav zu sein. Da könnte ich echt ausflippen!

Gott sei Dank sind nicht alle Kunden so. Die meisten begehen Fehler, weil sie es nicht besser wissen und sind dankbar und interessiert, wenn man ihnen erklärt, wie Probleme überwunden werden können. Sonst wäre der Beruf ja auch nicht auszuhalten.

Und was am schönsten?

Dabei zu helfen, aus Menschen und Hunden echte Teams zu machen, die mit gegenseitigem Respekt, Vertrauen und Achtung voreinander gemeinsam durch's Leben gehen. Immer wieder Verständnis dafür zu wecken, warum ein Hund wann was macht – und zu sehen, wie sich die Perspektive seines Menschen verändert.

Außerdem ist es für mich ein ganz wichtiger Aspekt meiner Arbeit, Hunden im Tierschutz zu helfen, weshalb ich ja auch mit Freunden den Verein „Häuser der Hoffnung e.V." gegründet habe, der sich auch um sog. „hoffnungslose“ Fälle kümmert. Es ist bereichernd und unbeschreiblich schön, wenn diese Hunde sich wieder öffnen, Vertrauen aufbauen, Aggressionen überwinden, schließlich in ein neues Zuhause vermittelt werden – oder dauerhaft eines bei uns finden.

Welche Mindestvoraussetzungen sollten Ihrer Meinung nach erfüllt werden, wenn man als Trainer arbeiten möchte?

Ein breit gefächertes Fachwissen in den Bereichen Kynologie, Tiermedizin, Psychologie, Lerntheorie, Menschenführung und Betriebswirtschaft verbunden mit Wetterfestigkeit, Zähigkeit, Ausdauer, Geduld, rhetorischem Geschick, Durchsetzungsvermögen, Nachgiebigkeit, Intelligenz und vor allem viel Liebe zum Hund und seinen Menschen.

Wie lautet Ihre Trainingsphilosophie?

Absolut gewaltfrei, fair, freundlich und respektvoll zum Trainingserfolg, so weit der erreichbar ist, ohne den Hund zu brechen. Immer an den Ursachen arbeiten, statt an den Symptomen. Dabei die Grenzen des Hundes erkennen und akzeptieren, denn nicht jeder Hund kann alles lernen. Meine Kunden müssen bereit sein, auch Schwächen, Fehler oder rassetypische Eigenschaften ihres Hundes, die sie persönlich eher stören, in Kauf zu nehmen, wenn diese nicht (oder nur mit Brachialgewalt) zu ändern sind. Ich baue da auf gegenseitiges Verständnis und zeige ihnen auf, was ihr Hund alles an ihnen hinnimmt, weil es ebenfalls nicht zu ändern ist. Ist die Grenze eines Kunden erreicht, denn auch nicht jeder Mensch kann alles lernen, helfe ich, ein anderes Zuhause für den Hund zu finden, in dem er seinen Eigenschaften entsprechend leben kann. Das kommt nicht oft vor, gehört aber in meinen Augen auch zum Beruf: Mensch und Hund voneinander trennen, wenn es einfach nicht geht.

Wie haben sich Ihr Leben und Ihr persönliches Umfeld verändert, seit Sie mit Hunden arbeiten?

Es hat sich (beinahe) alles verändert. Ich bewerte vieles anders als früher, setze andere Prioritäten. Mein Freundeskreis hat sich ziemlich schnell sortiert, und wenn man so viel arbeitet wie ich und mit acht Hunden, vier Katzen und sechs Pferden lebt, bleibt auch kaum noch Zeit für Hobbys wie Kochen, Lesen, Leute besuchen usw. Trotzdem bereichert das Leben, das ich führe, mich sehr. Früher habe ich nach dem Sinn des Lebens gesucht und mich oft einsam gefühlt. Heute habe ich ihn gefunden, genieße jeden Tag das Privileg, Beruf und Berufung miteinander in Einklang bringen zu können und fühle mich nie einsam. Ich tue genau das, was ich tun will. Vor kurzem fragte mich eine Freundin, was ich ändern würde, wenn ich 10 Millionen im Lotto gewinnen würde und ich stellte mit Freude fest: Nichts Grundlegendes. Ich würde noch zwei weitere TierHeime bauen und genau so weiter leben und arbeiten, wie ich es jetzt tue.

Was ist Ihnen in der Mensch-Hund-Beziehung am wichtigsten?

Gegenseitiges Vertrauen, Berechenbarkeit, füreinander einzustehen. Den anderen nicht trotz, sondern wegen seiner Andersartigkeit zu lieben und zu sehen, was man von ihm lernen kann.

Wenn Sie ein Hund wären, was für einer wären Sie?

Das weiß ich nicht so genau. An manchen Tagen fühle ich mich verspielt, anhänglich und fröhlich wie ein Collie, an anderen groß, stark, mutig und kampfbereit wie ein Herdenschutzhund im Arbeitseinsatz. Ich hätte auch gern etwas von der Pfiffigkeit eines Terriers und der Zähigkeit und Entschlossenheit meiner Hovawarts. Also, am besten wäre ich wohl ein Mischling.

Ihr Lebensmotto:

Es gibt nichts Gutes, außer man tut es. Jetzt!

INTERVIEW:

Was verstehen Sie unter einem Rudel?
Ein Rudel ist ein gewachsener Familienverband, besteht also in der Regel aus Elterntieren mit ihren Nachkommen. Unter Laien wird der Begriff recht sorglos und unreflektiert für alle möglichen Konstellationen benutzt, zum Beispiel auch für Hunde, die einfach zeitlich begrenzt oder länger miteinander leben. Hierbei handelt es sich aber um eine Gruppe. Nun könnte man meinen, es handle sich um Wortklaubereien, dieser Meinung bin ich aber nicht. Ich finde es schon sehr wichtig, selbst im Kopf klar zu haben und auch nach außen mitteilen zu können, ob man von einem Familienverband spricht oder nicht, denn dies kann erheblichen Einfluss auf das Verhalten der Tiere haben. Es ist zum Beispiel ein gravierender Unterschied, ob ein Weibchen mit irgendeinem Welpen spazieren geht, der in der Nachbarschaft wohnt, oder ob sie mit ihrem Nachwuchs unterwegs ist, den sie in Gefahrensituationen kompromissloser beschützen wird als einen fremden.

Keinesfalls ist darunter ein Zusammenleben artfremder Mitglieder zu verstehen, wie dies zum Beispiel bei Menschen und Hunden der Fall ist. Wir bilden kein Rudel mit unseren Hunden, sondern eine völlig andere Art von Sozialverband als Hunde untereinander. Deshalb glaube ich auch nicht an völlig veraltete Denkansätze wie „Der Mensch muss der Rudelführer sein, der Hund muss sich diesem Rudelführer jederzeit und in allen Lebensbereichen unterordnen." usw. Sie haben mehr zu Missverständnissen in der Mensch-Hund-Beziehung beigetragen, als dass sie nützlich gewesen wären. Denn abgesehen von der Tatsache, dass wir eben nicht der gleichen Spezies angehören, sind diese Regeln nur das Ergebnis von wissenschaftlich nicht haltbaren Fehlinterpretationen.

Glauben Sie, dass die Verhaltensmuster, die Hunde untereinander in einem Hunderudel zeigen, auf die Mensch-Hund-Beziehung übertragbar sind?
Nur bedingt. Es macht für mich zum Beispiel durchaus Sinn, als Anführer unserer Gruppe für Sicherheit und Ordnung zu sorgen. Außerdem finde ich, dass wir unglaublich viel lernen können von den Sozialstrukturen der Hunde oder auch Kaniden allgemein: Die Geduld, mit der sie mit ihren Jungen umgehen, die Fürsorge, die sie den Alten entgegenbringen, der Zusammenhalt und das altruistische Verhalten innerhalb der Familie.

Vorsicht ist geboten, wenn Menschen glauben, körpersprachliche Signale wie zum Beispiel den Schnauzengriff oder andere Disziplinierungsmaßnahmen imitieren zu können, denn meistens funktioniert das aufgrund mangelnden Fachwissens und in Ermangelung der körperlichen Möglichkeiten eines Menschen nicht. Bei Hunden, die in gut aufeinander eingespielten Sozialverbänden leben (egal ob Gruppe oder Rudel), erfolgen Auseinandersetzungen ritualisiert, berechenbar und niemals unangemessen brutal oder aggressiv. Leider können nur ganz wenige Menschen von sich das Gleiche behaupten.

Welche Bedeutung hat für Sie die Rangordnung innerhalb einer Hundegruppe?
Gar keine, denn ich glaube nicht, dass es eine Rangordnung, wie sie jahrzehntelang in der Kynologie propagiert wurde, überhaupt gibt. James O'Heare hat in seiner Dissertation eindrücklich bewiesen, dass die lineare Dominanzrangordnung ein Irrtum ist, der aus der Arbeit von Schjelderupp-Ebbe über die Futterrangordnung der Hühner abgeleitet wurde. Schjelderupp-Ebbes Ergebnisse wurden völlig undifferenziert auf alle möglichen anderen Tiere übertragen – und dann auch noch aus dem Verhaltensfunktionskreis des Fütterns auf das Sozialverhalten im Allgemeinen.

Wir können unglaublich viel lernen von den Sozialstrukturen der Hunde oder auch Kaniden allgemein: Die Geduld, mit der sie mit ihren Jungen umgehen, die Fürsorge, die sie den Alten entgegenbringen, der Zusammenhalt und das altruistische Verhalten innerhalb der Familie.

Die Idee, ein Sozialverband funktioniere aufgrund einer streng strukturierten Hierarchie, in der von oben nach unten durchgetreten wird, hat mit dem Sozialverhalten von Kaniden oder auch anderen Tieren wirklich gar nichts zu tun. Diese Strukturen entsprechen eher einem menschlichen Denken, zum Beispiel beim Militär. Kaniden hingegen führen über Erfahrung und Souveränität und die Einhaltung klarer Regeln unter fairen Bedingungen.

Gibt es in Hundegruppen Alphatiere?

Nein, denn diese Bezeichnung entstammt wieder der Idee einer linearen Dominanzrangordnung, in der ein vermeintlicher Alpha alles darf und alles kriegt und dies dadurch erreicht, dass die anderen Angst vor ihm haben, weil er sie in Kämpfen besiegt hat und/ oder durch starke Einschüchterung in Schach hält.

In Hundegruppen oder -rudeln finden sich durchaus Anführer, die wichtige Aktivitäten einleiten und an denen sich die anderen orientieren. Diese Position haben sie durch Souveränität, Gelassenheit, Klugheit und Erfahrung erworben. Die jüngeren, unerfahreneren Tiere orientieren sich an ihnen, weil dies dem Wohl der Gruppe dient und zu Sicherheit und Nahrung führt. In diesem Sinne möchte ich auch der Anführer meiner Hundegruppe sein, allerdings erreiche ich dieses Ideal leider nicht an jedem Tag. Aber ich arbeite daran und werde immer besser.

Wie definieren Sie „Dominanz"?

Ich vermeide dieses Wort, wo immer es geht, weil damit so viele Missverständnisse in der Mensch-Hund-Beziehung verbunden sind und es jahrzehntelang als Rechtfertigung für teilweise unmenschlich grausame und idiotische Erziehungsmodelle hergenommen wurde.

Wissenschaftlich betrachtet ist noch immer nicht geklärt, was Dominanz überhaupt sein soll. Es gibt mehr als 17 anerkannte Erklärungsmodelle, die sich teilweise ganz erheblich widersprechen. Während Wilson zum Beispiel 1975 behauptete, Dominanz sei mit Aggressivität gleichzusetzen, erklärte Drews 1993, Dominanz beinhalte einen Mangel an Aggressivität usw.

Völlig entnervt von dem Dominanzgequatsche in der Hundeszene gingen einige Kollegen dazu über, das Vorhandensein von Dominanz gänzlich zu negieren. Ich glaube, ganz so stimmt es aber auch nicht. Obgleich die allermeisten Verhaltensweisen von Hunden, die mit Dominanz erklärt wurden, zu völlig anderen Funktionskreisen gehören, gibt es dennoch eine situationsbezogene Dominanz, in der ein Hund seine Interessen gegenüber einem anderen durchsetzt. Allerdings scheint es sich hierbei um einen sehr dynamischen Prozess zu handeln, der vielen Variablen unterworfen ist.

Interessant finde ich noch, wie es dazu kommen konnte, dass beinahe jedes Verhalten eines Hundes als „dominant" eingestuft wurde. Ich denke, hierfür gibt es mehrere Gründe: Erstens mangelndes Fachwissen seitens der Hundehalter und Trainer. Dieses Manko wurde dann zweitens ganz praktisch mit einer Problemverschiebung in Richtung des Hundes gekoppelt, denn der Hund als der Dominante war „schuld" an dem Verhalten. Drittens kommt noch die Urangst des Menschen hinzu, dass das wilde Tier (vergl. Rotkäppchen und andere Märchen, in denen der Wolf oder Hund das Böse verkörpert) nur darauf aus ist, uns zu dominieren, um eigene Interessen durchzusetzen.

Ewig gestrigen Kollegen, die noch immer mit veralteten Dominanzregeln versuchen, Hunde zu unterdrücken, damit diese nicht die Führung übernehmen, würde ich deshalb den Rat geben, vernünftige Fortbildungen zu besuchen, die eigene Angst vor dem „bösen Wolf" zu überwinden und mehr nach eigenen Fehlern zu suchen als nach denen des Hundes, denn so kommen sie schneller zu guten Trainingsergebnissen.

Haben alle Hunde das Bedürfnis andere Mitglieder ihrer sozialen Gruppe zu dominieren?

Nein. Und ich glaube nicht, dass überhaupt irgendein Hund dieses Bedürfnis hat. Selbstverständlich gibt es situationsbezogene Grenzsetzungen oder den Willen, einen Eindringling zu verstoßen. Aber ich habe noch nie einen Hund erlebt, dessen innigster Wunsch es ist, andere zu dominieren. Wozu auch?! Worin soll die Befriedigung oder der Vorteil liegen?

Solche Behauptungen stammen wohl von Menschen, die noch nie mit vielen Hunden zusammen gelebt haben und insgesamt nicht viel von ihnen verstehen. Schon seit vielen Jahren lebe ich mit sechs bis acht Hunden der unterschiedlichsten Altersstufen und Rassegruppen zusammen. Ich habe noch nie erlebt, dass es sich einer von ihnen zur Lebensaufgabe gemacht hätte, die anderen zu dominieren – abgesehen davon, dass er das auf Dauer auch gar nicht durchhalten könnte.

Wenn man sich überhaupt mit einem Lebewesen beschäftigen möchte, das ständig versucht, ein anderes zu dominieren/ zu kontrollieren, dann wäre die Beobachtung bestimmter Menschen in ihrem Verhalten Hunden gegenüber lohnenswerter. Manche gehen soweit, dem Hund sogar zu verbieten, ohne vorherige Erlaubnis einfach so im Haus herumzulaufen oder auf dem Spaziergang zu koten und zu urinieren. Das ist echt krank. Manche dieser Menschen nennen sich übrigens Hundetrainer und verdienen viel Geld damit, die völlig absurden Machtstrukturen in ihrem Kopf anderen Menschen als Fachwissen zu verkaufen.

Die meisten Menschen sind nicht in der Lage, die Kommunikationsmittel der Hunde (körper- oder lautsprachlich) zu verstehen. Das Erkennen welcher Kommunikationsmittel der Hunde halten Sie für besonders wichtig?

Das Ausdrucksverhalten von Hunden ist vielseitig und komplex. Am wichtigsten finde ich deshalb, den Menschen zu erklären, dass ein Aspekt allein nicht ausschlaggebend ist, sondern immer der Gesamtzusammenhang gesehen werden muss. Ein Hund kann zum Beispiel auf viele unterschiedliche Arten mit der Rute wedeln. Dieses Wedeln kann Freude, Unsicherheit, Angriffsbereitschaft oder Unterwürfigkeit signalisieren – je nachdem, in welchem Kontext, welchem Zusammenspiel mit anderen Ausdruckselementen und in welcher Intensität es gezeigt wurde.

Die meisten Menschen nehmen feine Nuancen nicht wahr, sondern reagieren erst auf starke Signale wie offene Aggression, Flucht oder übergroße Freude. Das ist schade, denn so übersehen sie den weitaus größeren Anteil des Ausdrucksverhaltens, das viel subtiler abläuft. Ich sehe es als einen Teil meiner Aufgabe als Trainerin an, sie hierin zu schulen und bin jedes Mal sehr berührt, wenn ich merke, wie sich allmählich eine neue Welt für meine Kunden auftut, die ihnen bisher weitgehend verborgen war.

Halten Sie es für sinnvoll, Kommunikationsmittel des Hundes (z. B. das Knurren) zu unterbinden?

Nein, natürlich nicht! Das Knurren (oder andere Kommunikationsmittel) teilt uns mit, wie der Hund die Situation empfindet. Wenn wir sein Ausdruckselement bestrafen, lernt er zwar, es nicht mehr zu zeigen – aber er empfindet trotzdem das, was für ihn mit dieser Situation verbunden ist. Mit anderen Worten wird er für uns unberechenbarer, weil er gelernt hat, sich uns gegenüber oder anderen gegenüber in unserer Anwesenheit lieber nicht

Mir bricht es fast das Herz, wenn ich sehe, wie verunsichert und eingeschüchtert manche Hunde in ihre Schule gehen, wie sie vor lauter Stress und Angst kaum lernen können – nur weil ein schlecht geschulter Ausbilder ihnen das Leben zur Hölle macht.

mehr mitzuteilen. Wozu soll das gut sein? Es führt lediglich zu Missverständnissen, denn der gleiche Hund, der vorher durch Knurren gewarnt hat, wird jetzt ohne vorherige Warnung reagieren – um dann von den Menschen, die ihn für das Knurren bestraft haben, als „hinterfotzig" oder verhaltensgestört bezeichnet zu werden.

Welche Punkte erachten Sie in der Hundeausbildung/ Hundeerziehung als besonders wichtig?

Zunächst einmal, den Hund als solchen zu verstehen und zu respektieren. Ich halte es da mit Edward Hoagland, der sagte: „Freude an einem Hund haben Sie erst, wenn Sie nicht mehr versuchen, aus ihm einen halben Menschen zu machen. Ziehen Sie stattdessen doch mal die Möglichkeit in Betracht, selbst zu einem halben Hund zu werden."

Zusätzlich finde ich es wichtig, über die art- und rassespezifischen Verhaltensweisen und Bedürfnisse aufzuklären und dem Menschen Zusammenhänge über individuelles Lerntempo, limbisches System, Stress, Beschwichtigung, Konfliktvermeidung, Freiheit und Grenzsetzung und viele weitere Themen näher zu bringen.

Last not least soll der Hund sinnvolle Regeln des täglichen Zusammenlebens und einige wichtige Grundkommandos kennen lernen. Hierbei finde ich es gerade in heutiger Zeit super wichtig, die Menschen von ihrem Perfektionsanspruch runter zu holen. Hundehalter sind in unserer Gesellschaft so vielen Zwängen und so vielem Druck ausgesetzt, dass sie diesen – oft ganz unbemerkt und unfreiwillig – 1:1 an ihren Hund weitergeben. Um nicht unangenehm aufzufallen, soll der Hund perfekt gehorchen und immer zu jedem lieb sein. Dieser Perfektionsanspruch setzt Hund und Halter enorm unter Druck und ist auch gar nicht zu erfüllen, denn kein Lebewesen ist perfekt, jeder macht mal Fehler. Über diese kleinen Fehler und Ungereimtheiten auch mal lachen zu können – vor allem in Anwesenheit des Trainers – finde ich erleichternd und deshalb wichtig.

Haben Sie eine spezielle Methode, nach der Sie Hunde ausbilden bzw. wie Sie das Hundeverhalten beeinflussen?

Ja, meine. animal learn steht für absolute Gewaltfreiheit, einen respektvollen Umgang und Spaß beim gemeinsamen und gegenseitigen Lernen. Es geht um eine Lebenseinstellung, um die Frage, wer bin ich in Beziehung zu meiner Umwelt und dem mir anvertrauten Tier, warum hat dieses Tier meinen Lebensweg gekreuzt? Was will es mir beibringen, was kann ich für es tun? Ich arbeite sehr viel auf der Beziehungsebene, nur zusätzlich auf der Erziehungsebene, weil ich überzeugt davon bin, dass dies viel effizienter ist, insbesondere wenn es um Aufgabenstellungen wie Aggression, Angst, Leinenführigkeit, Kommandogebung und Trennungsangst geht.

Ist die positive Verstärkung eine nachhaltig wirkende Möglichkeit, Hunde zu erziehen bzw. auszubilden?

Ja, klar! Auch wenn eine Grenzsetzung manchmal wichtig ist, arbeite ich in erster Linie über positive Verstärkung. In der Lerntheorie ist schon lange bewiesen, dass mit Freude und angstfrei Erlerntes schneller und nachhaltiger sitzt. Die Erinnerung an die eigene Schulzeit beweist dies eindrücklich: Inhalte von Fächern, die uns Freude gemacht haben und unser Interesse weckten, können wir noch immer leicht abrufen. Bei Fächern, die wir nicht mochten, erinnern wir uns bestenfalls an den Raum, in dem sie stattfanden oder an den doofen Lehrer, den wir nicht ausstehen konnten, aber kaum an die Inhalte. Ganz ähnlich geht es Hunden. Für mich ist es ein großes Kompliment, wenn mir die Kunden erzählen, dass ihr Hund schon im Auto vor Freude fiept und winselt, wenn sie die Autobahnabfahrt meines Wohnortes einschlagen, und es kaum erwarten kann, den langen Kiesweg zur Hundeschule hoch zu laufen. Wenn er dann noch mit einem breiten Grinsen vor dem Tor steht und mich mit Begeisterung begrüßt, bin ich zufrieden. Andererseits bricht es mir fast das Herz, wenn ich sehe, wie verunsichert und eingeschüchtert manche Hunde in ihre Schule gehen, wie sie vor lauter Stress und Angst kaum lernen können – nur weil ein schlecht geschulter Ausbilder ihnen das Leben zur Hölle macht.

Ist die negative Verstärkung eine nachhaltig wirkende Möglichkeit, Hunde zu erziehen bzw. auszubilden?
Nein, denn wenn ich negativ verstärke, bedeutet dies genau genommen, dass ich zunächst einmal einen Strafreiz setzen muss, um ihn dann (sozusagen als Belohnung für von mir erwünschtes Verhalten) nicht einzusetzen. Das beinhaltet für mich gleich zwei Probleme: Erstens finde ich es moralisch schwierig zu rechtfertigen, Lernen über Strafreize einzuleiten. Insbesondere wenn es zweitens anders besser geht. Denn das Setzen des Strafreizes ist mit Angst verbunden, die wiederum nahe verwandt ist mit instinktiven Verhaltensweisen wie Flucht oder Angriff. Damit der Hund nicht in Flucht oder Angriff kippt (beides sind ja nicht meine Lernziele), muss der Strafreiz so stark gesetzt sein, dass der Hund sich auch das nicht traut. Im schlimmsten Fall bringe ich ihn so in die erlernte Hilflosigkeit.

Ein weiterer wichtiger Aspekt besteht für mich darin, dass ich fest davon überzeugt bin, dass die Basis jeglicher Handlung das Gefühl ist. Je nachdem, wie ich mich in einer Situation fühle, fällt meine Reaktion aus. Deshalb kann es nicht richtig sein, dass ich respektvolles, friedliches, freundliches und soziales Verhalten mit Strafe und Angst erreichen will.

Welche Abbruchsignale halten Sie für sinnvoll?
Ich bin gar kein großer Fan von Abbruchsignalen und arbeite nur sehr selten mit ihnen. Wenn ich sie überhaupt einsetze, dann nur für ein ganz bestimmtes Verhalten, nämlich das Aufnehmen und Fressen von Essbarem, und niemals gekoppelt mit Geräuschen, die sich beim Hund schnell generalisieren, wenn sie mit Angst oder Frustration verbunden sind.

In der Regel halte ich aber mehr davon, dem Hund beizubringen, was er tun soll, statt was er nicht tun soll. Hierzu gehört zum Beispiel auch, vorausschauend Alternativverhalten einzuleiten, bevor der Hund eine unerwünschte Handlung zeigt.

Immer wieder ist der Begriff „Konsequenz" in der Hundeausbildung zu hören. Was bedeutet dieser Begriff für Sie?
Für mich bedeutet das, berechenbar und eindeutig für den Hund zu sein. Dinge sind entweder erlaubt oder verboten, nicht mal so und mal so. Kommandos gebe ich selten, aber wenn ich sie gebe, sollen sie befolgt werden. Meine Hunde haben viele Freiheiten, aber wenn ich eine Grenze setze, dann gilt sie. So wissen sie, woran sie sind und leben nicht in ständiger Erwartungsunsicherheit, welche persönlichen Befindlichkeiten und Launen zu welchem Verhalten ihnen gegenüber führen. Ich versuche übrigens auch Menschen gegenüber so zu agieren und meine Mitarbeiter, Freunde und Familie wissen das sehr zu schätzen.

Wie und ab wann kann und sollte man mit der Ausbildung/ Erziehung bei Welpen beginnen?
In dem Moment, in dem sich der Welpe und sein Mensch begegnen. Er darf gleich lernen, dass dieser Mensch für ihn da sein wird, er ihm vertrauen kann, Sicherheit und Geborgenheit bei ihm findet. Er lernt im Idealfall auch von Anfang an, was erlaubt, toleriert oder unerwünscht ist. Grenzsetzungen werden angemessen und niemals mit der

Energie von Wut oder Gewalt ausgeführt. So lernt der Welpe, eine gewisse Frustrationstoleranz zu ertragen, aber nicht, Angst vor seinen Menschen zu haben. Kommandos, die für das tägliche Zusammensein wichtig sind, lernt er über Ausnutzung seiner natürlichen Neugier und über Futterbelohnung, positive Zuwendung und die gemeinsame Freude am Tun.

Hunde sind bekanntermaßen soziale Lebewesen. In welchem Umfang muss ich meinem Hund Kontakt zu Artgenossen bieten?

Grundsätzlich finde ich es sehr wichtig, Hunden die Möglichkeit zu innerartlichen Kontakten einzuräumen. Allerdings halte ich nicht viel davon, sie ständig mit möglichst vielen und immer neuen Hundekumpels oder mit irgendwelchen Hunden zusammenzubringen, mit denen sie sich evtl. nicht einmal gut verstehen, denn das stresst mehr, als dass es etwas bringt. Viel besser ist es, wenn Hunde die Möglichkeit bekommen, Freundschaften zu knüpfen und mit diesen Freunden regelmäßig Zeit zu verbringen. Am besten finde ich eine gut durchdachte und organisierte Mehrhundehaltung, in der Hunde zusammen leben, die sich mögen. Selbstverständlich wollen auch diese Hunde mal „neue Leute" kennen lernen, sollten also ebenfalls die Möglichkeit erhalten, draußen neue Bekanntschaften zu schließen.

Trotzdem gibt es auch Hundepersönlichkeiten, die lieber alleine leben und/ oder auch draußen gern ihre eigenen Wege gehen, worauf Rücksicht genommen werden sollte. Aber Vorsicht: Es gibt wirklich nur sehr wenige Hunde, für die das zutrifft. Meistens sind es eher unerfahrene oder übervorsichtige Halter, die ihren Hund isolieren und das als seinen Wunsch nach außen tragen, oder es handelt sich um Hunde, die aufgrund von Schmerzen oder negativen Erfahrungen mit Artgenossen lieber allein bleiben.

Was verstehen Sie unter „Freiheiten" eines Haushundes (frei in der Wohnung bewegen, Freilauf etc.) und wie viele Freiheiten soll man Ihrer Meinung nach einem Hund zugestehen?

Eine komische Frage! Selbstverständlich dürfen sich meine Hunde frei in Haus und Garten bewegen, so viel wie irgend möglich draußen ohne Leine laufen usw. Wer gibt mir denn das Recht, die Freiheit eines anderen Lebewesens einzuschränken? Freilich, im Falle unserer Haushunde müssen wir das immer wieder tun, um zum Beispiel die Verkehrssicherheit zu gewährleisten, sie vor Schaden zu bewahren usw. Aber es sollte uns immer bewusst sein, welche hohe Verantwortung wir übernehmen, wenn wir ein anderes Lebewesen reglementieren, und wir sollten es wirklich nur dann tun, wenn es wichtig ist. Schließlich ist der Hund ein eigenständiges Wesen mit Gedanken und Gefühlen und kein Haussklave!

Welche technischen Hilfsmittel (div. Halsbänder etc.) halten Sie in der Hundeerziehung für sinnvoll – und warum?

Ich bin überhaupt kein Fan von Equipment! In der Regel gaukelt es dem Menschen vor, die Lösung für ein Problem zu bringen und das stimmt fast nie. Ich arbeite am liebsten mit einem gut sitzenden Geschirr, einer drei Meter langen Leine, manchmal einer Schleppleine, ein paar Leckerchen und meiner Körpersprache und Stimme, die ich immer bei mir trage.

In einigen Fällen kann es sinnvoll sein, mit einer Videokamera aufzuzeichnen, um hinterher analysieren zu können.

Welche technischen Hilfsmittel lehnen Sie ab?

Alle, die den Hund einschüchtern und/ oder ihm Schmerzen zufügen. Hierzu gehören unter anderem das Sprühhalsband, sämtliche Reizstromgeräte inkl. unsichtbarer Zaun, der Kettenwürger, das Stachelhalsband, der Oberländer, Retrieverleinen,

Moxonleinen, das Halti, Schepperbüchsen, der Leg Leader usw., denn erstens fallen diese Ausrüstungsgegenstände in die Tierschutzrelevanz und zweitens weiß ein Profi, wie und warum es ohne sie besser geht.

Welche ethischen und moralischen Aspekte sollten Menschen beim Umgang mit Hunden und in der Hundeerziehung berücksichtigen?

Hunde sind in vielerlei Hinsicht durch uns fremdbestimmt. Wir entscheiden, wann sie raus dürfen, mit wem sie dort zusammentreffen, in welchem Tempo sie zu laufen haben, ob sie in Ruhe schnüffeln können, was sie wann zu fressen bekommen, ob sie einmal Kinder kriegen werden (ob sie wollen oder nicht!), ob sie als Single oder mit Familie leben usw. usw. usw. Diese Liste ließe sich beliebig fortsetzen und macht mir schon beim Schreiben ein beklemmendes Gefühl, denn ich würde nicht so leben wollen. Um es ganz klar zu sagen: Hunde sind uns auf Gedeih und Verderb ausgeliefert, wir bestimmen, ob ihr Leben die Hölle, der Himmel auf Erden oder irgendetwas dazwischen ist. Dessen sollte man sich immer bewusst sein, wenn man mit ihnen zusammen lebt. Und bei all dem gilt für mich der Grundsatz: Was Du nicht willst, das man Dir tu, das füg auch keinem anderen zu - auch Deinem Hund nicht! Ich versuche also, meine Hunde so zu behandeln, wie ich gern behandelt werden würde, wenn ich ein Hund wäre. Ein hoher Anspruch, der nicht leicht zu erfüllen ist, mich aber auch immer wieder in meiner Ernsthaftigkeit und Wahrhaftigkeit überprüft und wachsen lässt.

QUELLEN

- „Enzyklopädie der Säugetiere“ von David MacDonald (Hrsg.), Könemann 2003

- Videos von und über Cesar Millan (verfügbar im August 2010 auf youtube.de):
  - Cesar Millan strangles dog till he collapses
  - GSD Cesar shock collar
  - Safe or Unsafe Handling of an Aggressive Dog
  - Are the Dog Whisperer's methods harmful?
  - Imprisoned Dog
  - Toughest Case Aggressive Pit Bull

- „Da muss er durch“ von Thomas Riepe, animal learn Verlag 2009

- „Der Brockhaus“, Ausgabe in einem Band, 9. Auflage 2002

- „Mensch-Hund Psychologie“ von Jörg Tschentscher, animal learn Verlag 2010

- „Hundepsychologie“ von Dorit Feddersen-Petersen, Kosmos Verlag 2004

- „Hundeartige“ von Thomas Riepe, animal learn Verlag 2008

- „Hunde“ von Ray & Lorna Coppinger, animal learn Verlag 2001

- University of Pennsylvania (2009, February 18). If You're Aggressive, Your Dog Will Be Too, Says Veterinary Study. ScienceDaily. Retrieved January 13, 2011, from http://www.sciencedaily.com / releases/2009/02/090217141540.htm

- „Die Neuropsychologie des Hundes“ von James O´Heare, animal learn Verlag 2009

- „Rückenprobleme beim Hund“ von Anders Hallgren, animal learn Verlag 2003

- Hundezeitschrift „Der Hund“, Ausgabe 01/2011 – Leserbrief der AG Osteopathie im FBZ-vet. zum Thema Halsband oder Geschirr

- „Machtstreben“, www.psychology48.com

- „Das Gefühlsleben der Tiere“ von Marc Bekoff, animal learn Verlag 2008

- Freie Enzyklopädie Wikipedia (http://de.Wikipedia.org). Steht unter der GNU-Lizenz für freie Dokumentation (http://www.gnu.org/licenses/licenses). In der Wikipedia ist eine Liste der Autoren verfügbar – Artikel Moral, Ethik

BUCHTIPP

HUNDEARTIGE

Das Nachschlagewerk der Wild- und Haushunde

Thomas Riepe

Thomas Riepe, gefragter Referent und Autor diverser kynologischer Fachartikel und Bücher, hat ein Herz für Hunde. Aber nicht nur für die, auch Schakale, Kojoten, Wölfe, Marderhunde, Waldhunde, Wildhunde, Füchse und viele weitere HUNDEARTIGE begeistern ihn.

Mit seinem gleichnamigen Buch ist es ihm gelungen, das erste vollständige Nachschlagewerk über die Familie der Kaniden zusammenzustellen. Mit zahlreichen Fotos und sorgfältig recherchierten Fakten stellt er die einzelnen Mitglieder einer Tierart, ihren Lebensraum, ihr Verbreitungsgebiet, ihre Fress- und Paarungsgewohnheiten und viele weitere interessante Fakten vor. Dabei versetzt einen so manche Beschreibung ins Staunen über die vielfältigen Fähigkeiten dieser Tiere – und über das breit gefächerte Fachwissen des Autors.

Riepe scheut sich dabei auch nicht, unbequeme Fragen über den Sinn und Unsinn der modernen Rassehundezucht, die Bejagung des Fuchses oder die Zerstörung des Lebensraums einzelner Arten zu stellen. Mit HUNDEARTIGE ist ihm ein einzigartiges Nachschlagewerk für all diejenigen gelungen, die sich für Hund, Wolf, Fuchs & Co. interessieren.

animal learn Verlag, Hardcover, 192 Seiten,
mit zahlreichen farbigen Abbildungen
ISBN: 978-3-936188-44-8

DA MUSS ER DURCH!

Über Schlagworte und Sprüche aus der Hundewelt

Thomas Riepe

„Hunde sind faszinierende Lebewesen. Ich glaube, es gibt kein anderes Tier, das derart viele Aufgaben und vor allem Ansprüche des Menschen erfüllen muss – und erfüllt! – wie der Hund."

Thomas Riepe, Hundepsychologe und Autor zahlreicher Fachartikel und Bücher, befasst sich in „Da muss er durch" mit den unzähligen Theorien und Trainingsgrundsätzen, die Herrchen und Frauchen mit auf den Weg gegeben werden, wenn sie sich fragen, welcher Weg der richtige ist im Umgang mit ihrem vierbeinigen Begleiter.

Ernsthaft und wissenschaftlich fundiert, aber auch verschmitzt und augenzwinkernd untersucht er die einzelnen Philosophien und Meinungen zu Erziehung, Rangordnung, Rudelverhalten, Trennungsangst, Sozialverhalten und vielen weiteren Themen. Dabei plädiert er für Freundlichkeit und Fairness gegenüber dem besten Freund des Menschen und erinnert uns daran, dass der gesunde Menschenverstand und ein gutes Bauchgefühl oft die besten Berater auf dem gemeinsamen Weg sind.

Ein Muss für jeden Hundefreund!

Aus dem Inhalt:

- Hunde haben nur ein Kurzzeitgedächtnis
- Hunde haben kein Zeitgefühl
- Menschen müssen immer vorausgehen
- Das regeln die schon unter sich
- Hunde müssen immer eine Aufgabe haben
- Hunde, die bellen, beißen nicht
- Der will doch nur spielen

animal learn Verlag, Paperback, 72 Seiten,
mit zahlreichen farbigen Illustrationen
ISBN: 978-3-936188-47-9

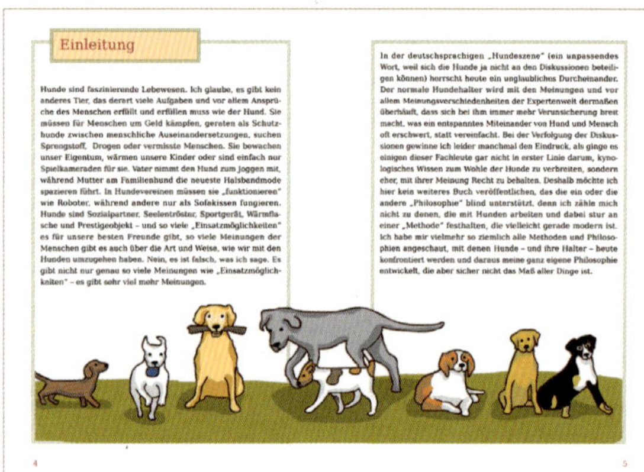
Einleitung

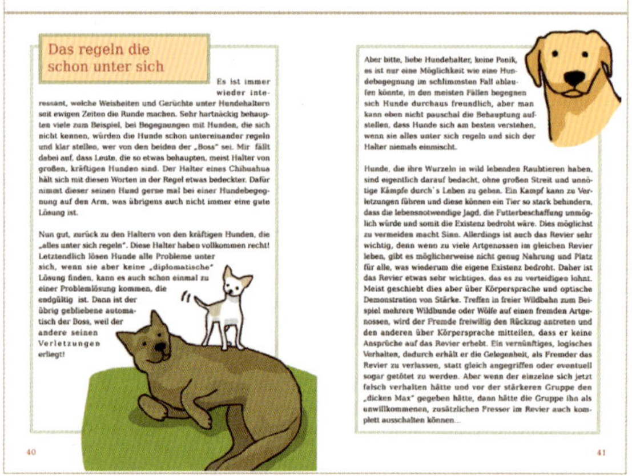
Das regeln die schon unter sich